畜禽养殖与疾病防治丛书

图说肉牛养殖

新技术

杨效民 张玉换 主编

中国农业科学技术出版社

图书在版编目（CIP）数据

图说肉牛养殖新技术/杨效民，张玉换主编. —北京：
中国农业科学技术出版社，2012.9
ISBN 978-7-5116-0803-1

Ⅰ. ①图… Ⅱ. ①杨… ②张… Ⅲ. ①肉牛 – 饲养管
理 – 图解 Ⅳ. ①S823.9-64

中国版本图书馆CIP数据核字(2012)第006416号

责任编辑 贺可香 张孝安
责任校对 贾晓红 范 潇

出 版 者 中国农业科学技术出版社
　　　　　北京市中关村南大街12号　　　　邮编：100081
电 　 话 (010)82109708（编辑室）　　　(010)82109704（发行部）
　　　　　(010)82109709（读者服务部）
传 　 真 (010)82109708
网 　 址 http://www.castp.cn
经 销 者 各地新华书店
印 刷 者 北京富泰印刷有限责任公司
开 　 本 787 mm ×1 092 mm　1/16
印 　 张 14.5
字 　 数 230千字
版 　 次 2012年9月第1版　　2012年9月第1次印刷
定 　 价 29.00元

前 言

——畜禽养殖与疾病防治丛书

近十几年，我国畜禽养殖业迅猛发展，畜禽养殖业已成为我国农业的支柱产业之一。其产值占农业总产值的比例也在逐年攀升，连续 20 年平均年递增 9.9%，产值增长近 5 倍，达到 4 000 亿元，占到农业总产值的 1/3 之多。同时，人们的生活水平不断提高，饮食结构也在不断改善。随着现代畜牧业的发展，畜禽养殖已逐步走上规模化、产业化的道路，业已成为农、牧业从业者增加收入的重要来源之一。但目前在畜禽养殖中还存在良种普及率低、养殖方法不科学、疫病防治相对滞后等问题，这在一定程度上制约了畜牧业的发展。与世界许多发达国家相比，我国的饲养管理、疫病防治水平还存在着一定的差距。存在差距，就意味着我国的整体饲养管理水平和疾病防控水平还需进一步提高。

针对目前养殖生产中常见的一些饲养管理和疫病防控问题，中国农业科学技术出版社组织了一批该领域的专家学者，结合当今世界在畜禽养殖方面的技术突破，集中编写了全套 13 册的"畜禽养殖与疾病防治"丛书，其中，养殖技术类 8 册，疫病防控类 5 册，分别为《图说家兔养殖新技术》《图说养猪新技术》《图说肉牛养殖新技术》《图说奶牛养殖新技术》《图说绒山羊养殖新技术》《图说肉羊养殖新技术》《图说肉鸡养殖新技术》《图说蛋鸡养殖新技术》《图说猪病防治新技术》《图说羊病防治新技术》《图说兔病防治新技术》《图说牛病防治新技术》和《图说鸡病防治新技术》，分类翔实地介绍了不同畜禽在饲养管理各方面最新技术的应用，帮助大家把因疾病造成的损失降低到最低限度。

　　本丛书从现代畜禽养殖实际需要出发，按照各种畜禽生产环节和生产规律逐一编写。参与编撰的人员皆是专业研究部门的专家、学者，有丰富的研究数据和实验依据，这使得本丛书在科学性和可操作性上得到了充分的保障。在图书的编排上本丛书采用图文并茂形式，语言通俗易懂，力求简明操作，极有参阅价值。

　　本丛书不但可以作为高职高专畜牧兽医专业的教学用书，也适用于专业畜牧饲养、畜牧繁殖、兽医等职业培训，也可作为养殖业主、基层兽医工作者的参考及自学用书。

编　者

2012 年 9 月

图说肉牛养殖新技术

第一章　肉牛场建设技术

第一节　肉牛场环境控制

肉牛生产性能的高低，不仅取决于其本身的遗传因素，还受到外界环境条件的制约。环境恶劣，不仅使肉牛生长缓慢，饲养成本增高，甚至会使机体抵抗力下降，诱发各种疾病。肉牛场是肉牛生活和生产的场所，必须对牛场进行科学布局，搞好牛舍建筑，为肉牛提供适宜的生活、生产必要条件和环境，才能养好肉牛。

一、环境对肉牛生产的影响

外界环境常指大气环境，其中包括气温、气湿、气流、光辐射以及大气卫生状况等因素。局部小环境，包括局部的气温、气湿、气流、光辐射以及大气卫生等因素，都直接地对牛体产生着明显的作用。这是肉牛生产上不可忽视的重要因素。

1. 温度

肉牛适宜的环境温度为5～21℃，在这一温度范围内，增重速度最快。温度过高，食欲下降，肉牛增重缓慢；温度过低，饲料转化率降低，同时用于维持体温的能量增加，同样影响牛体健康及其生产力的发挥。因此，夏季要做好防暑降温工作，牛舍安装电扇或喷淋设备，运动场栽树或搭凉棚，以使高温对肉牛生产所造成的影响降到最低程度。冬季要注意防寒保暖，提供适宜的环境温度（幼牛育肥不低于6～8℃，成年牛育肥不低于5～6℃，哺乳犊牛不低于15℃）。

2. 湿度

肉牛适宜的空气湿度为55%～80%。一般来说，当气温适宜时，湿度对肉牛育肥效果影响不大。但湿度过大会加剧高温或低温对肉牛的影响。

一般是湿度越大，体温调节范围越小。高温高湿会导致牛的体表水分蒸发受阻，体热散发受阻，体温很快上升，机体机能失调，呼吸困难，最后致死，形成"热害"。低温高湿会增加牛体热散发，使体温下降，生长发育受阻，饲料报酬率降低，增加生产成本。另外，高湿环境还为各类病原微生物及各种寄生虫的繁殖发育提供了良好条件，使肉牛患病率上升。

3. 气流

气流（又称风）通过对流作用，使牛体散发热量。牛体周围的冷热空气不断对流，带走牛体所散发的热量，起到降温作用。炎热季节，加强通风换气，有助于防暑降温，并排出牛舍中的有害气体，改善牛舍环境卫生状况，有利于肉牛增重和提高饲料转化率。寒冷季节若受大风侵袭，会加重低温效应，使肉牛的抗病力减弱，尤其对于犊牛，易患呼吸道、消化道疾病，如肺炎、肠炎等，因而，对牛的生长发育有不利影响（图1-1）。

图1-1　肉牛育肥棚舍

4. 光照

冬季牛体受日光照射有利于防寒，对牛健康有好处；夏季高温下受日光照射会使牛体体温升高，导致热射病（中暑）。因此，夏季应采取遮阳措施，加强防暑。阳光中的紫外线在太阳辐射中占 1%~2%，没有热效应，但它具有强大的生物学效应。照射紫外线，可使牛体皮肤中的7-脱氢胆固醇转化为维生素D_3，促进牛体对钙的吸收。此外，紫外线具有强力杀菌作用，具有消毒效应。紫外线还具有使畜体血液中的红细胞、白细胞数量增加的作用，可提高机体的抗病能力。但紫外线的过强照射也有害于牛的健康，会导致日射病（也称中暑）。光照对肉牛繁殖有显著作用，并对肉牛生长发育也有一定影响。在舍饲和集约化生产条件下，采用16小时光照8小时黑暗制度，育肥肉牛采食量增加，日增重得到明显改善（图1-2）。

图1-2　肉牛舍的采光

5. 尘埃

新鲜的空气是促进肉牛新陈代谢的必需条件，并可维护机体健康，减少疾病的传播。空气中浮游的灰尘和水滴是微生物附着和生存的载体。因此，为防止疾病的传播，牛舍一定要避免粉尘飞扬，保持圈舍通风换气良好，尽量减少空气中的灰尘。

6. 有害气体

封闭式牛舍，如设计不当或使用管理不善，会由于牛的呼吸、排泄物的腐败分解，使空气中的氨气、硫化氢、二氧化碳等增多，影响肉牛生产力。所以应加强牛舍的通风换气，保证牛舍空气新鲜。使牛舍中二氧化碳含量不超过0.25%，硫化氢不超过0.001%，氨气不超过0.0026毫克/升。

7. 噪声

噪声会对牛的生长发育和繁殖性能产生不利影响。肉牛在较强噪声环境中生长发育缓慢，繁殖性能不良。一般要求牛舍的噪声水平白天不超过90dB（分贝），夜间不超过50dB。

二、环境控制技术

牛舍类型及其他许多因素都可直接或间接地影响舍内环境的变化。畜牧业发达国家对牛舍环境十分重视，制定了牛舍的建筑气候区域、环境参数和建筑设计规范等，作为国家标准而颁布执行。为了给肉牛创造适宜的环境条件，对牛舍建设应在合理设计的基础上，采用供暖、降温、通风、光照、空气处理等措施，对牛舍环境进行人为控制，通过一定的技术措施与特定的设施相结合来阻断疫病的空气传播和接触传播渠道，并且有效地减弱舍内环境因子对肉牛机体造成的不良影响，以获得最高的育肥效果和最好的经济效益。

1. 牛舍的防暑降温

从牛的生理特点来看，一般都是较耐寒而怕热。为了消除或缓和高温对牛健康和生产力所产生的有害影响，并减少由此而造成的严重经济损失，牛舍的防暑、降温工作在近年来已越来越引起人们的重视，并采取了许多相应的措施。对牛舍的防暑降温，可采取以下措施（图1-3）。

图1-3　中央通道式散栏饲养棚舍

（1）搭建凉棚　对于母牛，大部分时间是在运动场上活动和休息，而对于育肥牛原则是尽量减少其活动时间，促使其增重。因此，在运动场上搭凉棚遮阳显得尤为重要。搭凉棚一般可减少30%～50%的太阳辐射热。据美国的资料记载，凉棚可使动物体表辐射热负荷从769瓦/平方米减弱到526瓦/平方米，相应使平均辐射温度从67.2℃降低到36.7℃。凉棚一般要求东西走向，东西两端应比棚长各长出3～4米，南北两侧应比棚宽出1～1.5米。凉棚的高度约为3.5米。潮湿多雨的地区可低些，干燥地区则要求高一些。目前市场上出售的一种不同透光度的遮阳膜，作为运动场凉棚的棚顶材料，较经济实用，可根据情况选用（图1-4）。

图1-4　散栏饲养棚舍

（2）设计隔热的屋顶，加强通风　为了减少屋顶向舍内的传热，在夏季炎热而冬季不冷的地区，可以采用通风的屋顶，其隔热效果很好。通风屋顶是将屋顶做成两层，层间内的空气可以流动，进风口在夏季正对主风。由于通风屋顶减少了传入舍内的热量，降低了屋顶内表面温度，所以，可以获得很好的隔热防暑效果。墙壁应具有一定厚度，或采用开放式或凉棚式牛舍。另外，牛舍场址应选在开阔、通风良好的地方，位于夏季主风口，各牛舍间应有足够距离，以利通风。在寒冷地区，则以保温为主，冬季关闭进风口，夹层气体则起到隔热保温作用。

（3）牛舍可设地脚窗、屋顶设天窗、通风管等　地脚窗可加强对流通风、形成"穿堂风"和"扫地风"，可对牛起到有效的防暑作用。为了适应季节和气候的不同，在屋顶风管中应设翻板调节阀，可调节其开启大小或完全关闭，而地脚窗则应做成保温窗，在寒冷季节时可以把它关闭。此外，必要时还可以在屋顶风管中或山墙上加设风机排风，可使空气流通加快，带走污浊气体和热量。

牛舍通风不但可以改善牛舍的小气候，而且还有排除牛舍中水汽、降低牛舍中的空气湿度、排除牛舍空气中的尘埃、降低微生物和有害气体含量等作用（图1-5）。

图1-5　规模养殖的开放式牛舍

（4）遮阳　强烈的太阳辐射是造成牛舍夏季过热的重要原因。牛舍的"遮阳"，可采用水平或垂直的遮阳板，或采用简易活动的遮阳设施，如遮阳棚、竹帘或苇帘等。同时，也可栽种植物进行绿化遮阳。牛舍的遮阳应注意以下几点。

①牛舍的朝向应以长轴东西向配置为宜。因为，牛舍朝向对防止夏季太阳辐射有很大作用；

②要避免牛舍窗户面积过大；

③可采用加宽挑檐、挂竹帘、搭凉棚以及植树等遮阳措施来达到遮阳的目的；

④增强牛舍围护结构对太阳辐射热的反射能力。

牛舍围护结构外表面的颜色深浅和光滑程度对太阳辐射热吸收能力各有不同，色浅而光滑的表面对辐射热反射多而吸收少，反之则相反。由此可见，牛舍的围护结构采用浅色光平的表面是经济有效的防暑方法之一。

2. 牛舍的防寒保暖

北方地区冬季气候寒冷，应通过对牛舍的外围结构合理设计，解决防寒保暖问题。牛舍失热最多的是屋顶、天棚、墙壁和地面。

（1）墙和屋顶　保温墙的功能除具有承重、防潮等功能外，主要的作用是保温。墙的保温能力主要取决于材料、结构的选择与厚度。在畜牧业发达的国家多采用一种畜舍建筑保温隔板，其外侧为波形铝合金板，里侧为防水胶合板，其总厚度不到120毫米，具有良好的防水汽和防冷气渗透能力。而目前我国比较常用的是黏土空心砖或混凝土空心砖。这两种空心砖的保温能力比普通土砖高1倍，而重量轻20%～40%。牛舍朝向上，长轴呈东西方向配置，北墙不设门，墙上设双层窗，冬季加塑料薄膜、草帘等防风保温。

屋顶保温是牛舍保温的关键。用做屋顶的保温材料有炉灰、锯末、膨胀珍珠岩、岩棉、玻璃棉、聚氨酯板等。此外，封闭的空气夹层可起到良好的保温作用。天气寒冷地区可降低牛舍净高，采用的高度通常为2～2.5米。

（2）地面　石板、水泥地面坚固耐用，防水，但冷、硬，寒冷地区做牛床时应铺垫草、厩草、碎木屑。规模化养牛场可采用三层地面，首先将地面自然土层夯实，上面铺混凝土，最上层再铺空心砖，既防潮又保温。

（3）其他综合措施　寒冷季节适当加大牛的饲养密度，依靠牛体散发热量相互取暖。在地面上铺木板或其他垫料等，增大地面热阻，减少肉牛机体失热。

3. 防潮排水

在现代养牛生产中，防潮很重要。在夏季多雨季节，牛的乳房炎和蹄叶炎等发病率明显增加。而保持牛舍干燥对于预防这些疾病的发生至关重要。牛每天排出大量粪、尿，冲洗牛舍产生大量的污水，因此，应合理设置牛舍排水系统。

（1）排尿沟　为了及时将尿和污水排出牛舍，应在牛床后设置排尿沟。排尿沟向出口方向呈1%～1.5%的坡度，保证尿和污水顺利排走。

（2）清粪、清尿系统　规模化养牛场的排污系统采用漏缝地板，地板下设粪尿沟。漏缝地板采用混凝土较好，耐用，清洗和消毒方便。牛排出的粪尿落入粪尿沟，残留在地板上的牛粪用水冲洗，可提高劳动效率，降低工人劳动强度。定期清除粪尿，可采用机械刮板或水冲洗（图1-6）。

图1-6　刮板式清粪系统

（3）合理组织通风，有效的排除舍内的水汽　一般在屋顶设4个通气孔，每个截面为60厘米×60厘米，总面积为牛舍面积的0.15%为宜，排气孔室外部分为百叶窗，高出屋脊50厘米，顶装通风帽，下设活门（图1-7）。进气孔设在南墙屋檐下40～50厘米处的两窗之间，截面为10厘米×40厘米，总面积为排气孔的60%。孔内设活门，以调节进气量。

图1-7　牛舍屋顶排风帽

4. 牛场绿化

牛场的绿化，不仅可以改善场区小气候，净化空气，美化环境，而且还可起到防疫和防火等良好作用。因此，绿化也应进行统一的规划和布局。当然牛场的绿化也必须根据当地的自然条件，因地制宜，如在寒冷干旱地区，应根据主风向和风沙的大小确定牛场防护林的宽度、密度和位置，并选种适应当地条件的耐寒抗旱树种。

（1）防护林带　沿牛场围墙栽种，树种可选择钻天杨等。同时可栽种紫穗槐等，填补乔木下面的空隙。

（2）运动场遮阳林带　将树木植于运动场南面，植树2～3行，株间距5米左右，树种选择耐寒的大叶杨等。

（3）道路遮阳林带　场内各道路旁种植高大的乔木1行，株间距2～3米，乔木下面近道路的地方栽种灌木1行，株间距1米。乔木树种可选择垂柳、合欢或洋槐。灌木以选择冬青为好。

（4）隔离林带　指场内生活区、生产区间的林带。以单行乔木为主林带、单行灌木为副林带的双层隔离屏障。乔木可选择法桐、枫树或合欢，株间距2米。灌木可选择榆叶梅和木槿等，株间距1米。

（5）防火林带　在草垛、干粗饲料堆放处、青贮窖和仓库周围栽种防火林带。林带可种植乔木3行，株间距2米，树种选择大青杨；种植灌木1行，株间距1米，树种可选择冬青或女贞等。详见图1-8、图1-9牛场及道路绿化。

图1-8　牛场绿化

图1-9　道路绿化

第二节　肉牛场粪污的处理和利用

一、肉牛粪尿的处理与利用

牛的粪尿排泄量很大，据测试，每头成年牛每天排出的粪尿量达到 30~52千克，如不及时处理，产生的异味就会对牛场的环境造成不利影响。

1. 用作肥料

随着化肥对土壤的板结作用越来越严重，以及人们对无公害产品的需求的增加，农家肥的使用将会重新受到重视。因此，把牛粪作成有机复合肥，有着非常广阔的应用前景。牛粪便的还田使用，既可以有效地处理牛粪等废弃物，又可将其中有用的营养成分循环利用于土壤——植物生态系统。但不合理的使用方式或连续使用过量会导致硝酸盐、磷及重金属的沉积，从而对地表水和地下水构成污染。在降解过程中，氨及硫化氢等有害气体的释放会对大气构成威胁，所以应经适当处理后再应用于农田。牛粪用作肥料的处理方法有多种，而目前常用的方法有以下几种。

① 堆肥法：牛粪好氧处理的技术措施是堆肥处理——静态堆肥或装置堆肥。静态堆肥不需特殊设备，可在室内进行，也可在室外进行，所需时间与环境温度相关，一般60~70天；装置堆肥需有专门的堆肥设施，以控制堆肥的温度和空气，所需时间30~40天。为提高堆肥质量和加速腐熟过程，无论采用哪种堆肥方式，都要注意以下几点。

一是必须保持堆肥的好氧环境，以利于好气腐生菌的活动；

二是视情况添加高温嗜粪菌，以缩短堆肥时间，提高堆肥质量；

三是保持物料氮碳比为（1∶25）~（1∶35），氮碳比过大，分解效率低，需时间长，过低则使过剩的氮转化为氨而逸散损失，一般牛粪的氮碳比为1∶21.5，制作时适量加入杂草、秸秆等，以提高氮碳比；

四是物料的含水量应控制在40%左右；堆内温度应保持在50~60℃；同时应设有防雨和防渗漏措施，以免造成环境污染。

② 利用微生物菌种生产有机肥：该工艺生产有机肥分为两部分：

一是菌种培养。将发酵放线菌等与固液分离后的牛粪混合发酵生成菌种肥源；

二是混合发酵。将优良菌种肥与生牛粪再混合，高温发酵，即可生成全熟化有机肥。

2. 用做饲料

牛是反刍动物，吃进去的饲料经牛瘤胃微生物的发酵分解，一部分营养物质被吸收利用，另一部分营养物质如可被单胃动物利用的蛋白氮、微生物及瘤胃液被排出体外。据测定，干牛粪中含有粗蛋白10%～20%，粗脂肪1%～3%，无氮浸出物20%～30%，粗纤维15%～30%，因此，具有一定的饲用价值。饲用前最好先与其他饲料混合后密封发酵，改善适口性。用牛粪饲喂猪、鸡，发酵方法为：将牛粪与谷糠、麸皮和其他饲料混合后，装入窖、池、缸或塑料袋中压实封严进行发酵；种猪、仔猪一般不宜用牛粪饲料，育肥猪日粮中的添加量以10%～15%为宜，用发酵良好的牛粪喂鸡，可完全替代鸡日粮中的苜蓿草粉，其饲喂效果与等量苜蓿粉相同。用牛粪喂牛、羊，发酵方法为：将牛粪与其他牧草混合后，装入窖、缸或塑料袋中压实封严进行发酵，发酵牛粪可在牛、羊的日粮中添加20%～30%。

3. 饲养蚯蚓

利用蚯蚓的生命活动来处理牛粪是一条经济有效的途径。经过发酵的牛粪，通过蚯蚓的消化系统，在蛋白酶、脂肪分解酶、纤维素酶、淀粉酶的作用下，能迅速分解、转化，成为自身或其他生物易于利用的营养物质，即利用蚯蚓处理牛粪，既可生产优良的动物蛋白，又可生产肥沃的复合有机肥。这项工艺简便、费用低廉，不与动植物争食、争场地，能获得优质有机肥料和高级蛋白饲料，且安全可靠。

4. 生产沼气

沼气是利用厌氧菌（主要是甲烷菌）对牛粪尿和其他有机废弃物进行厌氧发酵产生的一种混合气体，其主要成分为甲烷（占60%～70%），其次为二氧化碳（占25%～40%），此外，含有少量的氧、氢、一氧化碳和硫化氢。沼气燃烧后产生大量的热能，可作为生活、生产用燃料，也可用于发电。在沼气生产过程中，因厌氧发酵可杀灭病原微生物和寄生虫，发酵后的沼渣和沼液又是很好的肥料，这样就使种植业和养殖业有机地结合起来，形成一个多次利用、多次增值的生态系统（图1-10）。

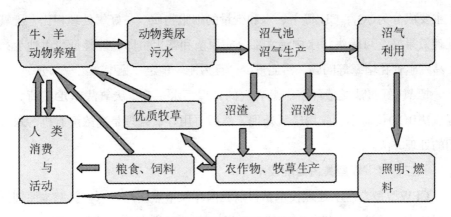

图1-10 牛场粪便厌氧发酵利用生态系统

二、肉牛场废污的处理

（一）肉牛场污水的处理方法

牛场的污水处理主要有化学、物理及生物处理法。

1. 物理处理

就是利用化粪池或滤网等设施进行简单的物理处理。此法可除去40%～65%的悬浮物，并使生化需氧量（BOD）下降25%～35%。污水流入化粪池，经12～24小时后，使BOD量降低30%左右，其中的杂质下降为污泥，流出的污水则排入下水道。污泥在化粪池内应存放3～6个月，进行厌氧发酵。

2. 化学处理

就是根据污水中所含主要污染物的化学性质，用化学药品除去污水中的溶解物质——固体或胶体物质的方法。如化学消毒处理法，其中，最方便有效的方法是采用氯化消毒法：混凝处理，即用三氯化铁、硫酸铝、硫酸亚铁等混凝剂，使污水中的悬浮物和胶体物质沉淀而达到净化的目的。

3. 生物处理

就是利用污水中微生物的代谢作用分解其中的有机物，对污水进一步处理的方法。可分为好氧处理、厌氧处理及厌氧+好氧处理法。

一般情况下，牛场污水BOD值很高，并且好氧处理的费用较高，所以，很少完全采用好氧的方法处理牛场污水。厌氧处理又称甲烷发酵，是利用兼氧微生物和厌氧微生物的代谢作用，在无氧的条件下，将有机物转化为沼气

（主要成分为CO_2、CH_4等）、水和少量的细胞物质。与好氧处理相比，厌氧处理效果好，可除去污水中绝大部分病原菌和寄生虫卵；能耗低，占地少；不易发生管孔堵塞等问题；污泥量少，且污泥较稳定（见生产沼气部分）。

厌氧+好氧法是最经济、最有效的处理污水工艺。厌氧法BOD负荷大，好氧法BOD负荷小，先用厌氧处理，然后再用好氧处理是高浓度有机污水常用的处理方法。

（二）　CFW型粪污处理技术

CFW型畜粪污水处理技术是目前我国环保重点实用技术。其基本原理是牛场废水经固液分离机去除大块杂物后，进入调节池，由泵升至高效上流式厌氧反应器（UASB），采用脉冲式布水。在没有游离氧的情况下，以填料为载体结成厌氧生物膜，以厌氧微生物为主对有机物进行降解。复杂的有机化合物被降解转化为简单、稳定的化合物，同时，释放出沼气，通过三相分离器分离后的厌氧消化液流入后续曝气生物滤池，该池集生物过滤、生物吸附与生物氧化三位一体。池内装有陶粒作填料，待水由池底部进入，在陶粒层中设置曝气布气系统，对处理水进行曝气充氧，陶粒滤料表面产生微生物，对待处理水流经填料层时经曝气充氧进行生物降解，同时，还有硝化脱氮作用。其关键技术采用了国际流行的（UASB）高效生物厌氧反应器和一种改进的曝气生物滤池的专利技术（ZL00221590.X），能够使厌氧微生物很好地附着，进一步提高反应速度和产气量。

第三节　肉牛场有害气体控制技术

牛场产生的臭气来自于牛的排泄物、皮肤分泌物、黏附于皮肤的污物、呼出气等以及粪污在堆放过程中有机物腐败分解的产物。包括：甲烷、硫化氢、氨、酚、吲哚类、有机酸类等100多种恶臭物质，构成了养殖场特有的难闻气味。日本《恶臭法》中规定的16种恶臭物质，有8种与牛养殖密切相关，包括氨、甲基硫醇、硫化氢、二甲硫、二硫化甲基、三甲胺等，后来又追加了丙酸、正丁酸、正戊酸、异戊酸4种低级脂肪酸。

减少或防止臭气的技术，可通过防止粪便臭气的产生或在其产生后防止其散发而达到控制粪便臭气的目的。显然，防止臭气产生是更加切实可行。

一、吸附或吸收法

吸附是指气体被附着在某种材料外表面的过程，而吸收是指气体被附着在某种材料内表面的过程。吸附和吸收的效率取决于材料的孔隙度及被处理气体的性质。在养牛场，常用的方法是向粪便或舍内投放吸附剂来减少气味的散发。常见的吸附剂有沸石、膨润土、海泡石、凹凸棒石、蛭石、硅藻土、锯末、薄荷油、蒿属植物、腐殖酸钠、硫酸亚铁、活性炭、泥炭等。其中，沸石类能很好地吸附NH_4^+和水分，抑制NH_3的产生和挥发，降低畜舍臭味。

二、化学与生物除臭法

1. 化学除臭法

化学除臭法的作用原理是通过化学反应（如氧化）作用把有味的化合物转化成无味或较少气味的化合物。除了通过化学作用直接减少气味外，一些氧化剂还起杀菌消毒作用。常用的化学氧化剂有高锰酸钾、重铬酸钾、硝酸钾、双氧水、次氯酸盐和臭氧等，其中的高锰酸钾的除臭效果相对较好。另外，利用绿矾有遇水溶解可限制和降低发酵及分解的特性，可将它用作畜舍垫料，以减轻臭气散发。

2. 生物除臭法

即采用生物除臭剂，如生物助长剂和生物抑制剂等，可通过控制（抑制或促使）微生物的生长，减少有味气体的产生。生物助长剂包括活的细菌培养基、酶或其他微生物生长促进剂等。通过这些助长剂的添加，可加快动物粪便降解过程中有味气体的生物降解过程，从而减少有味气体的产生。生物抑制剂却是通过抑制某些微生物的生长以控制或阻止有机物质的降解，进而控制气味的产生。

三、洗涤除臭法

洗涤除臭法是让污染气体与含有化学试剂的溶液接触，通过化学反应或吸附作用去除有味气体的方法。洗涤实际上是一种化学氧化方法，洗涤效果取决于氧化剂的浓度、种类、气体的黏度和可溶性、雾滴大小和速度等。常

见的洗涤方式有喷雾洗涤和叠板式洗涤两种：

（1）喷雾洗涤　即通过机械将洗涤液雾化成许多微小的雾滴，喷洒到被污染牛舍的空气中，把带有气味的化合物氧化而除去；

（2）叠板洗涤　即制作一个特制的叠放在一起的铝（钢）板，洗涤液流过铝（钢）板表面时会形成薄薄的一层水膜，有味气体从底部向上流过水膜表面时即被氧化和吸收。

洗涤法特别适用于水溶性高、浓度低、流量大的带有气味的气体的去除。不适于高浓度的气体，因为高浓度的气体需要更多的洗涤液，会增加处理成本。此外，特定的洗涤剂只能去除特定的气体，而牛舍臭气一般是由多种有味气体组成的混合物。因此，要取得较好的除臭效果，常需多个洗涤器串联使用。

生物过滤和生物洗涤法是在有氧条件下，利用好氧微生物的活动，把有味的气体转化成无味或较少味气体。这种方法用于气味的去除投资少、运行成本低，一般不会产生有害物质，是一个比较有发展前途的生物处理方法。

第四节　肉牛场规划与建设

一、肉牛场的选址和布局

（一）肉牛场场址的选择

选择肉牛场场址，要因地制宜，并根据生产需要和经营规模，对地势、地形、土质、水源以及周围环境等进行多方面选择。

1. 地势、地形

修建肉牛场要选在地势高燥，平坦，背风向阳，有适当坡度，排水良好，地下水位低的场所。目的是为了保持环境干燥、阳光充裕和温暖，有利于犊牛的生长发育、成年肉牛的生产和人畜的防疫卫生。低洼潮湿的场地阴冷潮湿，通风不良，影响肉牛的体热调节和肢蹄发育，还易于滋生蚊蝇及病原微生物，会给牛健康带来危害，不宜作肉牛场场址。

山区建设肉牛场，应选在较平缓的向阳坡地上，而且要避开风口，以保证阳光充足，排水良好。地面坡度不宜超过5%，一般以1%~3%为宜。

肉牛场地形应开阔整齐，不应过于狭长或边角太多。狭长的场地会因建筑布局的拉长而显得松散，不利于生产作业。边角太多，会影响牛场地面的合理利用。场界拉长，会增加防护设施的投资，也不利于卫生防疫。

肉牛场场区面积要按照生产规模和发展规划确定，不仅要精打细算，节约建场用地和投资，还要有长远规划，留有余地。建场用地要安排好牛舍等主要建筑用地，还要考虑牛场附属建筑及饲料生产、职工生活建筑用地。一般牛场建筑物按场地总面积的10%~20%来考虑。

2. 水源

养牛生产用水量大，稳定、充裕、清洁卫生的水源是肉牛场立足的根本。选水源要考虑以下因素。

（1）水量充足　既要满足场内人畜饮用和其他生产、生活用水，还要考虑防火需要。在舍饲条件下，耗水定额为每日每头成年肉牛40~60升；犊牛20~40升。

（2）水质优良　水源要洁净卫生，不经处理即能符合无公害食品畜禽饮用水水质标准（NY 5027—2001）。

（3）便于防护　要防止周围环境对水源的污染，尤其要远离工业废水污染源。

（4）取用方便　取用方便以节约设备投资。

有两类水源可供选择，一类是地面水，如江、河、湖、塘及水库等水源。这类水源水量足，来源广，又有一定的自净能力，可供使用，但要选择流动、水量大和无工业废水污染的地面水作水源。另一类是地下水，水质洁净，水量稳定，是最好的水源。降水，因易受污染，水量难以保证，所以不宜作牛场水源。

3. 土质

肉牛场场地土质的优劣关系到牛群健康和建筑物的牢固性。作为肉牛场场址的土壤，应该透气透水性强，毛细管作用弱、吸温性和导热性小，质地均匀，抗压性强。

沙壤土的透气透水性好，持水性小；导热性小，热容量大，地温稳定，有利于肉牛的健康。由于其抗压性好，膨胀性小，适于建筑牛舍，是最理想的建场土壤。沙土类土壤透气透水性强，吸湿性小，毛细管作用弱，易于保持干燥。但它导热性大，热容量小，易增温，也易降温，昼夜温差大，不利于肉牛健康，一般可用于肉牛群运动场。黏土类土壤透气透水性差，吸湿性强，容水量大，毛细管作用明显，易于变潮湿、泥泞。而牛舍内潮湿不利于肉牛健康，因而不适合在其上建场。

4. 周围环境

场区周围环境指的是牛场与周围社会的联系。

选择场址要考虑交通便利，电力供应充足、可靠；应距城镇居民集中生活区、水源保护区、工矿企业、学校、医院及动物屠宰场保留1 000米以上间距。同时还要考虑当地饲料饲草的生产供应情况，以便就近解决饲料饲草的采购问题。选择场址要考虑环境卫生，既不要造成对周围社会环境的污染，又要防止牛场受周围环境的污染。规模肉牛场应位于居民区的下风向，并至少距离300～500米。

（二）肉牛场的布局

对于规模化生产的肉牛场，根据肉牛的饲养管理和生产工艺，科学地划分牛场各功能区，合理地配置厂区各类建筑设施，可以达到节约土地、节省资金、提高劳动效率以及

图1-11　肉牛场建筑物布局效果图

有利于兽医卫生防疫的目的，详见图1-11肉牛场布局效果图。

1. 肉牛场的分区规划

划分肉牛场各功能区，应按照有利于生产作业、卫生防疫和安全生产的原则，考虑地形、地势以及当地主风向，按需要综合安排，一般可作如下划分：

（1）行政管理和职工生活区　对职工生活区要优先照顾，安排在全场上风向和地势最佳地段，可设在场区内，也可设在场外。其次是行政管理区，也要安排在上风向，要靠近大门口，以便对外联系和防疫隔离。

（2）生产作业区

生产作业区是肉牛场的核心区和生产基地，因此，要把它和管理区、生活区隔离开，保持200～300米的防疫间距，以保障兽医防疫和生产安全。生产区内所饲养的不同牛群间，由于其各自的生理差异，

图1-12 肉牛场外景图

饲养管理要求不同，所以对牛舍也要分类安置，以利管理（图1-12）。规模化肉牛场可将生产区划分如下：

① 犊牛饲养区：犊牛舍要优先安排在生产区上风向，环境条件最好的地段，以利犊牛健康发育。

② 产房：产房要靠近犊牛舍，以便生产作业。但它是易于传播疾病的场所，要安排在下风向或侧风向地带，并便于隔离。

③ 育成牛、青年牛饲养区：育成牛和青年牛舍要优先安排在育肥牛舍的上风向，以便卫生隔离。

④ 饲料饲草加工间及储存库：为了便于生产管理，多设在生活管理区和生产区之间，也可设在生产区外，自成体系。要注意防火安全。

（3）兽医诊疗和病牛隔离区 为防止疾病传播与蔓延，这个区要设在生产区的下风向和地势低处，并应与牛舍保持300米的卫生间距。病牛舍要严格隔离，并在四周设人工或天然屏障，要单设出入口。处理病死牛的尸坑或焚尸炉更应严格隔离，距离牛舍300～500米。

2.肉牛场的布局

根据场区规划，搞好牛场布局，可改善场区环境，科学组织生产，提高劳动生产率。要按照牛群组成和饲养工艺来确定各作业区的最佳生产联系，科学合理地安排各类建筑物的位置配备。根据兽医卫生防疫要求和防火安全规定，保持场区建筑物之间的距离。一般规定肉牛场建筑物的防火间距和卫生间距均为30米。

为节省劳力，提高生产效率打好基础。凡属功能相同或相近的建筑物，要尽量紧凑安排，以便流水作业。场内道路和各种运输管线要尽可能缩短，以减少投资，节省人力。牛舍要平行整齐排列，成母牛舍和育肥牛舍要与饲料调制间保持较近距离。

合理利用当地自然条件和周围社会条件，尽可能地节约投资。基建要少占或不占良田，可利用荒滩荒坡。肉牛舍最好采用南北向修建，以利用自然光照。为了不影响通风和采光，两建筑物的间距应大于其高度的1.5~2倍。

场内各类建筑和作业区之间要规划好道路，饲料道与运粪道不交叉。路旁和肉牛舍四周搞好绿化，种植灌木、乔木，夏季可防暑遮阳，还可调节小气候环境。

二、牛舍建造标准化

牛舍是控制肉牛饲养环境的重要措施，建筑要求经济耐用，有利于生产流程和安全生产，冬暖夏凉。牛舍建造的基本要求如下所述。

1. 地基

地基是承受整个牛舍建筑的基础土层，要求地基土层必须具备足够的强度和稳定性，下沉度小，防止建筑群下沉过大或下沉不均匀而引起裂缝和倾斜。沙壤土、碎石和岩性土层是良好的基础，黏土、黄土等含水多的土层不能保证牛舍干燥，不宜做地基。

2. 墙

墙是将外界与牛舍隔离开来的设施，亦即外围护设施，以此创造肉牛所需的小气候环境。墙分为基础和墙体两部分。基础是指墙埋入土层的部分，包括墙基、马蹄减、勒脚3部分。基础承受牛舍建筑、设施和牛只等的重量，将整个重量传给地基，要求基础坚固耐久、防潮、抗震、抗冻。基础应比墙宽15厘米。勒脚经常承受屋檐滴水、地面水雪和地下水的浸蚀，应选择耐用、防水性好的材料。外墙四周开辟排水沟，使墙脚部位的积水迅速排出。勒脚部位应设置防潮层。北方地区修建肉牛舍时，基础应埋置在最大冻结深度以下。

根据牛舍四周外墙封闭程度，可分封闭式牛舍、开放式牛舍、半开放式牛舍和棚舍4类。封闭式牛舍四周有完整的墙壁；开放式牛舍三面有墙，一面无墙；半开放式牛舍三面有墙，一面只有半截墙；棚舍仅有顶棚无墙壁。我国北方寒冷地区宜采用封闭式牛舍，有助于保暖。南方地区可采用开放式或半开放式牛舍，一方面可节约投资，另一方面夏、秋季节降温换气性能好，冬季可在墙的开放部分挂上草帘、篾席等以抵抗寒冷侵袭。承重墙修建高度以屋檐高度为2.8~3.2米为宜。

3. 门

牛舍门主要是保证牛的进出、运送饲料、清除粪便等生产顺利进行，以及发生意外情况时牛只能迅速撤离。舍门一般要求宽2.0~2.2米、高2.2~2.4米。每幢牛舍至少设两扇大门，大门开设的位置应在牛舍两端山墙上，正对舍内中央走道，便于机械化作业。沿墙开门，供牛出入。若牛舍较长，可以在沿墙上开设2~3道大门，但多设在向阳背风一侧。牛舍门不设门槛和台阶。牛舍内地面高出外部10厘米为宜，可防止雨水进入牛舍。大门宜向外开放或做成推拉门，为预防牛只受伤，门上不能有尖锐突出物。

4. 窗户

牛舍开设窗户是为了保证采光和通风。采光的好坏与窗户的面积和形状有关。牛舍窗户面积的大小应根据当地气候和牛舍跨度而定，窗户面积大，进入舍内的光线多，则采光好。气候寒冷的地区和牛舍宽度小，窗户面积可小一点，有利于冬季保温；炎热的地区和牛舍跨度大，窗户面积可大一些，有利于防暑降温，通风换气。窗户的形状有直立式和横卧式两种，直立式窗户比横卧式窗户入射角和透光角大，采光好。透光角愈大，进入舍内光线愈多，要求窗户透光角不小于5°。若窗台位置太低，阳光直射牛只头部，照射牛眼睛，引起视觉失常，不利于牛的健康，因此，牛舍窗台不应低于12.2米。南北墙上窗户对开，有利于通风（图1-13和图1-14）。另外，为了采光

图1-13　牛舍侧开窗

和换气性好，屋顶可开设天窗（图1-15）。

5. 屋顶

屋顶是牛舍的上部外围结构，防止雨雪、风沙侵袭，隔离太阳的强烈辐射，起保温隔热和防水作用。牛舍常见的屋顶有双坡式屋顶、钟楼式屋顶。详见图1-15所示。

图1-14 侧开窗连栋式牛舍

① 双坡式屋顶：双坡式屋顶是牛舍建筑中最基本的形式，适宜于各种牛舍，特别是大跨度牛舍，易于修建，较经济，保温性能好，适宜于饲养各生产阶段的牛群，详见图1-15双坡钟楼式牛舍。

② 钟楼式屋顶：是在双坡式屋顶上开设双侧或单侧天窗，更便于通风和采光，多用于跨度较大的综合式牛舍。

图1-15 钟楼式大跨度、开天窗牛舍构建图

屋顶常用的建筑材料有瓦、彩钢板、杉树皮、茅草和麦秸等。瓦和彩钢板经久耐用，导热性强，夏热冬寒，不利于保温隔热；用植物性材料（杉树皮、茅草、麦秸）作屋顶，导热性低，有利于保暖隔热，冬暖夏凉，但不耐用，几年后就需更换。因此，屋顶以瓦或夹带保温材料的彩钢板较好。

6. 天棚

天棚又称顶棚、天花板，是将牛舍地面与屋顶隔离开来的结构，其主要作用在于加强牛舍冬季保暖和夏季隔热。天棚上添设保温层，其保温隔热效果更好。天棚应具备轻便、保温、隔热、坚固、防潮、耐久等特性，天棚常用的材料有竹席子、木板、合金板等。牛舍高度以净高表示，指天棚到地面的垂直距离。牛舍净高与舍内温度关系密切，寒冷的北方可适当降低牛舍高度，有利于保温；炎热的南方地区可增加牛舍净高，有利于降温换气，缓解高温对牛只的影响。天棚高度以2.8米左右为宜。

7. 地面

地面是牛舍的主体结构，是牛只生活、休息、排泄的地方，又是从事生产活动，如饲喂、清洁等的场地。地面决定着牛舍的小气候环境状况，以及牛舍卫生管理和牛体健康等。

牛舍地面必须满足以下基本要求：坚实耐用，不硬不滑，具有弹性，防潮不漏水，保温隔热，排水方便。坚实性能够抗拒牛舍内各种作业机械的作用；耐用性能够抵抗消毒水、粪尿的腐蚀。牛舍不同的部位采用不同的材料，如牛床采用三合土、木板、石板、橡皮、塑料等，为增强牛床的保温性能和弹性，可在石板、三合土牛床上铺垫草；通道用混凝土、石板，为了防滑，可在石板、三合土、混凝土上划浅沟。

三、肉牛场附属设施

（一）运动场与围栏

运动场设在牛舍南面，离牛舍5米左右，以利于通行和植树绿化。运动场地面，以砖铺地和土地各一半为宜，并有1.0%～1.5%的坡度，靠近牛舍处稍高，东西南面稍低，并设排水沟。一般每头繁殖母牛需运动场20平方米、育成牛和青年牛15平方米，犊牛8～10平方米。

运动场四周设立围栏，栏高1.5米，栏柱间距2～3米，围栏可采用废钢管焊接，也可用水泥柱作栏柱，再用钢管串联在一起。围栏门宽2～4米，便于清粪机械及车辆通行为原则。

（二）凉棚

一般建在运动场中央，常为四面敞开的棚舍建筑。建筑面积以每头牛3～5平方米为宜，棚柱可采用钢管、水泥柱等，顶棚支架可采用角铁、C型钢焊制或木架等，棚顶面可用彩钢板、石棉瓦、遮阳布、油毡等材料。凉棚一般采用东西走向。

（三）补饲槽、饮水设施

补饲槽应设在运动场北侧靠近牛舍门口，便于把牛吃剩下的草料收起来放到补饲槽内。饮水设施安装在运动场东西两侧，建议安装二位式或多位式自动饮水器（图1-16）。

图1-16　运动场设立饮水槽、搭建凉棚

（四）消毒池

一般在牛场或生产区入口处，便于人员和车辆通过时消毒。消毒池常用钢筋水泥浇筑，供车辆通行的消毒池，长4米、宽3米、深0.1米，供人员通行的消毒池，长2.5米、宽1.5米、深0.05米。消毒液应维持经常有效。人员往来必经的通道两侧应设紫外线消毒走道。

（五）粪尿污水池和贮粪场

牛舍和污水池、贮粪场应保持200～300米的卫生间距。粪尿污水池的大小应根据每头肉牛每天平均排出粪尿和冲污的污水量多少以及存贮期的长短而定。

（六）兽医室

一般设在牛场的下风头，包括诊疗室、药房、化验室、兽医值班室及病畜隔离室，要求地面平整牢固，易于清洗消毒。

（七）人工授精室

常设有精液处理（贮藏）室、输精器械的消毒设备、保定架等。

（八）青贮窖及干草贮藏棚

青贮窖和干草棚一般建在牛舍的一侧，应远离粪尿污水池，其大小应根据肉牛的饲养量以及存贮周期长短而定，详见图1-17简易干草棚，图1-18青贮窖建设。

（九）精饲料加工室

一般采用高平房，墙面应用水泥抹1.5米高，防止饲料受潮。安装饲料加工机组。加工室大门应宽大，以便运输车辆出入，门窗要严密。大型肉牛场还应建原料仓库及成品饲料库。

图1-17　简易干草棚

图1-18　青贮窖建设

第五节　养牛机械配套标准化

　　肉牛生产离不开相应的设备，规模化、集约化的肉牛业更需要先进的生产设备。传统的肉牛业集约化程度低，生产设备落后，手工操作过程较多，生产成本较高。随着我国社会经济的发展，养牛工序也将逐渐实现机械化、自动化和现代化。肉牛生产设备种类繁多，常用设备主要有饲料饲草收获加工机械、自动化饲喂机械、自动恒温饮水设施等。

一、饲草、饲料加工设备

（一）　不同型号铡草机

　　主要用于牧草和秸秆类饲料的切短以及制作青贮饲料。制造商较多：山东省肥城铡草机厂、北京嘉亮林海农牧机械有限责任公司（大兴县榆堡镇）、河北省唐县第二机械厂、西安市畜牧乳品机械厂等。其型号多种多样，配套功率从不足1千瓦到20千瓦不等，建议日常用机型可选功率在10千瓦以下的小型铡草机，而青贮加工则应选用功率在10千瓦以上的大型铡草机，详见图1-19、图1-20、图1-21、图1-22。

图1-19　9Z-6A型青贮铡草机

图1-20　9Z-4C型青贮铡草机

图1-21　9Z-2.5型青贮铡草机

图1-22　9Z-9A型青贮铡草机

（二）揉搓机

主要用于将秸秆切断、揉搓成丝状。制造商有：北京嘉亮林海农牧机械有限责任公司、赤峰农机总厂、黑龙江安达市牧业机械厂等（图1-23、图1-24）。

图1-23　饲草揉搓机

图1-24　饲草揉搓机

（三）饲料加工机组

小型饲料加工机组，即由粉碎机、搅拌机组合在一起的机型，大型饲料加工机组即由粉碎机、搅拌机以及计量装置、传送装置、微机系统等组合在一起的系统机组。生产厂家有：北京嘉亮林海农牧机械有限责任公司、赤峰农机总厂、黑龙江安达市牧业机械厂、山西文水农机厂等（图1-25）。

◀ 中小型钢架式颗粒饲料机组

型号	产量（吨/小时）	型号	产量（吨/小时）
HKJ-25F	1-1.5	HKJ-406	4-6
HKJ-320	2-3	HKJ-432	8-10

预混合机组 ▶

型号	总功率（千瓦）	产量（千克/批）
HRYH-250	13.5	250
HRYH-500	19	500
HRYH-1000	26.5	1000

图1-25 饲料加工机组

二、饮水设施

水是肉牛必需的营养物质，肉牛的饮水量与干物质进食量呈正相关。现代化肉牛场，为保证全天候、无限量、随时为肉牛提供新鲜、清洁的饮水，而又省工省时，节约水资源，建议安装应用自动饮水器，详见图1-26、图1-27。

三、饲喂机械

日粮配制机械化以及饲喂机械化是现代化牛场的标志。目前，世界上已全面推行全混合日粮（TMR）饲养管理技术，其主要机械有固定式TMR搅拌车和牵引式TMR搅拌喂饲

图1-26 运动场安装自动恒温饮水器

(a)

(b)

图1-27　自动恒温饮水器

车，详见图1-28固定式TMR搅拌机、图1-29牵引式TMR搅拌分发车。

图1-28　固定式TMR搅拌机　　　　图1-29　牵引式TMR搅拌分发车

第二章　肉牛品种标准化

第一节　我国的主要优良品种

一、秦川牛

1. 原产地

　　秦川牛为中国地方良种，是中国体格高大的役肉兼用牛种之一。秦川牛产于陕西省关中地区，因"八百里秦川"而得名，以渭南、临潼、蒲城、富平、大荔、咸阳、兴平、乾县、礼泉、泾阳、三原、高陵、武功、扶风、岐山等15个县（市）为主产区，还分布于渭北高原地区。甘肃省庆阳地区原产早胜牛，20世纪70年代主要引用秦川牛改良，于1980年经省级鉴定，并入秦川牛。总头数在70万头以上。关中地区自古以来种植苜蓿，也是历代粮食主产区，农民对饲养管理和牛种选择积累了丰富经验。由于当地耕作精细，

图2-1　秦川公牛

图2-2　秦川母牛

农活繁重，车辆挽具笨重，牛只都比较大。选种遵循农家谚"一长"、"二方"、"三宽"、"四紧"、"五短"的要求，在毛色上非紫红色不作种用，这些对现代秦川牛的形成起到了重要作用（图2-1和图2-2）。

2.外貌特征

在体型外貌上，秦川牛属较大型的役肉兼用品种，体格较高大，骨骼粗壮，肌肉丰满，体质强健。头部方正，肩长而斜。中部宽深，肋长而开张。背腰平直宽长，长短适中，结合良好。荐骨部稍隆起，后躯发育稍差。四肢粗壮结实，两前肢相距较宽，蹄叉较紧。

公牛头较大，颈短粗，垂皮发达，鬐甲高而宽；母牛头清秀，颈厚薄适中，鬐甲低而窄。角短而钝，多向外下方或向后稍弯。毛色为紫红、红、黄色3种。鼻镜肉红色约占63.8%，亦有黑色、灰色和黑斑点的约占32.2%。角呈肉色，蹄壳分黑、红、黑与红相间3种颜色。

3.生产性能

经肥育的18月龄牛的平均屠宰率为58.3%，净肉率为50.5%。肉细嫩多汁，大理石纹明显。泌乳期为7个月，产乳量（715.8±261.0）千克。鲜乳成分为：乳脂率4.70%，乳蛋白率4.00%，乳糖率6.55%，干物质率16.05%。公牛最大挽力为475.9千克，占体重的71.7%。

4.繁殖性能

秦川母牛常年发情。在中等饲养水平下，初情期为9.3月龄。成年母牛发情周期20.9天，发情持续期平均为39.4小时。妊娠期285天。产后第1次发情约53天。秦川公牛一般12月龄性成熟，2岁左右开始配种。秦川牛是优秀的地方良种，是理想的杂交配套品种。

二、晋南牛

1.原产地

晋南牛原产于山西晋南，包括运城市的万荣、河津、临猗、永济、运城、夏县、闻喜、芮城，以及临汾市的侯马、曲沃、襄汾等县市。其中以万荣、河津、永济和临猗的最为著名。晋南牛是经过长期不断地人工选育而形成的地方良

图2-3 晋南牛群体图

种。晋南牛具有适应性强、耐粗饲、抗病力强、耐热等特点（图2-3）。

2. 外貌特征

晋南牛是我国优秀的大型役肉兼用品种。其体躯高大结实，具有役用牛体型外貌特征。皮柔韧，厚薄适中，骨骼结实，体型结构匀称。公牛头中等长，额宽，鼻镜宽，鼻孔大，眼中等大，角形以顺风角为主，兼有龙门角、扁担角等，角一般较粗大，角形较杂，以此而明显区别于秦川牛，颈较粗而短，垂皮发达，前胸宽阔，肩峰不明显，臀端较窄，蹄大而圆，质地致密。母牛头部清秀，乳头细小。毛色以枣红为主，鼻镜呈粉红色，蹄趾也多呈粉红色。晋南牛的后躯发育优于秦川牛。晋南牛的犊牛初生重为22.5～26.5千克，成年公牛体重为600～700千克，成年母牛为400～500千克（图2-4和图2-5）。

图2-4　晋南公牛

图2-5　晋南母牛

3. 生产性能

晋南牛肌肉丰满，肉质细嫩，香味浓郁。晋南牛18月龄时，中等营养水平的屠宰率为53.9%，净肉率为40.3%；经过肥育18月龄时，屠宰率、净肉率可分别达到59.2%和51.2%；经肥育的成年阉牛屠宰率为62%，净肉率为52.69%。晋南牛的泌乳期为7～9个月，泌乳量为754千克，乳脂率为5.5%～6.1%。晋南牛育肥日增重、饲料报酬、形成"大理石肉"等能力优于其他品种。

4. 繁殖性能

晋南牛母牛性成熟期为10～12月龄，初配年龄18～20月龄，产犊间隔14～18个月，妊娠期287～297天，繁殖年限12～15年，繁殖率80%～90%，犊牛初生重22～26.5千克，泌乳期平均产奶量745千克，乳脂率5.5%～6.1%。公牛12

月龄性成熟，24月龄开始配种，使用年限8～10年，射精量每次为4～5毫升。

三、鲁西牛

1. 原产地

鲁西牛主要产于山东省西南部的菏泽和济宁两地区，北自黄河，南至黄河故道，东至运河两岸的三角地带。分布于菏泽地区的郓城、鄄城、菏泽、巨野、梁山和济宁地区的嘉祥、金乡、济宁、汶上等县（市），聊城、泰安以及山东的东北部也有分布。20世纪80年代初存栏40万头，现已发展到100余万头。鲁西黄牛是中国中原四大牛种之一，以优质育肥性能著称于世。

2. 外貌特征

鲁西牛体躯结构匀称，细致紧凑，为役肉兼用。

公牛多为平角或龙门角，母牛以龙门角为主。垂皮发达。公牛肩峰高而宽厚，胸深而宽，后躯发育差，尻部肌肉不够丰满，体躯明显地呈前高后低的前胜体型（图2-6）。母牛鬐甲低平，后躯发育较好，背腰短而平直，尻部稍倾斜（图2-7）。筋腱明显。前肢呈正肢势，后肢弯曲度小，飞节间距离小。蹄质致密但硬度较差。尾细而长，尾毛常扭成纺锤状。被毛从浅黄到棕黄色，以黄色为最多，一般前躯毛色较后躯深，公牛毛色较母牛的深。多数牛的眼圈、口轮、腹下和四肢内侧毛色浅淡，俗称"三粉特征"。鼻镜多为淡肉色，部分牛鼻镜有黑斑或黑点。角色蜡黄或琥珀色。

图2-6 鲁西公牛

3. 生产性能

在生产性能上，据屠宰测定的结果，18月龄的阉牛平均屠宰率

图2-7 鲁西母牛

57.2%，净肉率49.0%，骨肉比1：6.0，脂肉比 1：42.3，眼肌面积89.1平方厘米。成年牛平均屠宰率58.1%，净肉率为50.7%，骨肉比1：6.9，脂肉比1：37，眼肌面积94.2平方厘米。肌纤维细，肉质良好，脂肪分布均匀，大理石状花纹明显。

4. 繁殖性能

母牛性成熟早，有的8月龄即能受胎。一般 10～12月龄开始发情，发情周期16～35天，平均22天，发情持续期 2～3天。妊娠期270～310天，平均285天。产后第1次发情22～79天，平均为35天。

四、南阳牛

1. 原产地

南阳牛是中国地方良种，在中国黄牛中体格最高大。南阳牛产于河南省南阳市行河和唐河流域的平原地区，以南阳、唐河、邓县、新野、镇平、社旗、方城等7个县（市）为主产区。许昌、周口、驻马店等地区分布也较多，据1982年统计总头数达80万头以上。而1991年底报道已发展到145万头，其中，适龄母牛56万头，占牛群的38.6%。南阳地区所处地理位置较偏僻，土质坚硬，需要体大力强的牛进行耕作和运输，素有选留大牛的习惯。群众以舍饲为主，喂养精心，育成了大型牛只。

2. 外貌特征

在体型外貌上，南阳牛属较大型役肉兼用品种。体高大，肌肉较发达，结构紧凑，体质结实，皮薄毛细，鼻镜宽，口大方正。角形以萝卜角为主，公牛（图2-8）角基粗壮，母牛（图2-9）角细。耆甲隆起，肩部宽厚。背腰平直，肋弓明显，荐尾

图2-8　南阳公牛

图2-9　南阳母牛

略高，尾细长。四肢端正而较高，筋腱明显，蹄大坚实。公牛头部雄壮，额微凹，脸细长，颈短厚稍呈弓形，颈部褶皱多，前躯发达。母牛后躯发育良好。毛色有黄、红、白3种，面部、腹下和四肢下部毛色浅。鼻镜多为肉红色，部分南阳牛是中国黄牛中体格最高的。

3. 生产性能

在生产性能上，经强度肥育的阉牛体重达510千克时宰杀，屠宰率达64.5%，净肉率达56.8%，眼肌面积95.3平方厘米。肉质细嫩，颜色鲜红，大理石纹明显。南阳牛体格高，步伐快，挽车速度每秒1.1～1.4米，载重1000～1500千克时，能日行30～40千米，是著名的"快牛"。

4. 繁殖性能

南阳牛较早熟，有的牛不到1岁即能受胎。母牛常年发情，在中等饲养水平下，初情期在8～12月龄。初配年龄一般掌握在2岁。发情周期17～25天，平均21天；发情持续期1～3天。妊娠期250～308天，平均289.8天，怀公犊比怀母犊的妊娠期长4.4天。产后初次发情约需77天。

五、延边牛

1. 原产地

延边牛是东北地区优良地方牛种之一。延边牛产于东北三省东部的狭长地区，分布于吉林省延边朝鲜族自治州的延吉、和龙、汪清、浑春及毗邻各县；黑龙江省的宁安、海林、东宁、林口、汤元、桦南、桦川、依兰、勃利、五常、尚志、延寿、通河；辽宁省宽甸县及沿鸭绿江一带。据1982年统计总计存栏牛21万头。延边牛是朝鲜牛与本地牛长期杂交的结果，也混有蒙古牛的血缘。延边牛体质结实，抗寒性能良好，适宜于林间放牧，冬季设有暖棚，是北方水稻田的重要耕畜，是寒温带的优良品种。

2. 外貌特征

在体型外貌上，延边牛属役肉兼用品种。胸部深宽，骨骼坚实，被毛长而密，皮厚而有弹力。公牛额宽，头方正，角基粗大，多向后方伸展，呈"一"字形或倒"八"字形，颈厚而隆起，肌肉发达（图2-10）。母牛头大小适中，角细而长，多为龙门角（图2-11）。毛色多呈浓淡相同的的黄色，其中浓黄色占16.3%，黄色占74.8%，淡黄色占6.7%，其他占2.2%。鼻镜一般呈淡褐色，带有黑点。

图2-10　延边公牛

图2-11　延边母牛

3. 生产性能

在生产性能上，延边牛自18月龄育肥6个月，日增重为813克，胴体重265.8千克，屠宰率57.7%，净肉率47.23％，眼肌面积75.8平方厘米。

4. 繁殖性能

母牛初情期为8～9月龄，性成熟期平均为 13月龄；公牛平均为14月龄。母牛发情周期平均为20.5天，发情持续期12～36小时 ，平均20小时。母牛常年发情，7～8月份为旺季。常规初配时间为20～24月龄。延边牛耐寒，在−26℃时牛才出现明显不安，但能保持正常食欲和反刍。

六、蒙古牛

1. 原产地

蒙古牛是中国三北地区分布最广的地方品种，在东部以乌珠穆沁牛最著名，西部以安西牛比较重要。蒙古牛产于蒙古高地，在中国主要分布于内蒙古自治区及与此相邻的西北地区的新疆维吾尔自治区、甘肃和宁夏回族自治区；华北地区的山西和河北；东北地区的辽宁、吉林、黑龙江。据1984年统计，主产地的蒙古牛总数约300万头。

2. 外貌特征

蒙古牛体质结实、粗糙。公牛头短宽而粗重，额顶低凹，角长，向前上方弯曲，呈蜡黄色或青紫色，角的间距短（图2-12）。公牛角长40厘米，母牛20厘米。垂皮不发达，低平。胸扁而深，背腰平直，后躯短窄，后肋开张良好。母牛乳房基部宽大，结缔组织少，但乳头小（图2-13）。四肢较短，蹄中等大，蹄质结实。皮肤较厚，冬季多绒毛。毛色大多呈黑色或黄色，也常见有花毛等各种毛色。在体尺和体重方面以乌珠穆沁牛和安西牛为代表。乌珠穆沁牛是草原类型蒙古牛中体型最大的，而安西牛是半荒漠地区中体型最大的。后者体型偏小，不宜直接作为优质牛肉的供应品种。而森林地区的蒙古牛虽然没有品种群的报道，却有比乌珠穆沁牛更好的群体，比较符合杂交利用的目的。

图2-12　蒙古牛公牛　　　　图2-13　蒙古牛母牛

3. 生产性能

中等营养水平的阉牛平均宰前重可达376.9千克，屠宰率为53.0%，净肉率为44.6%，骨肉比1∶5.2，眼肌面积56.0平方厘米。放牧催肥的牛一般都超不过这个肥育水平。母牛在放牧条件下，年产奶500～700千克，乳脂率5.2%，是当地制奶酪的原料，但不能形成现代商品化生产。成年蒙古牛一般屠宰率为41.7%，净肉率为35.6%。

4. 繁殖性能

母牛8～12月龄开始发情，2岁时开始配种，发情周期为19～26天，产后第1次发情为65天以上，母牛发情集中在4～11月份。平均妊娠期为284.8天。怀公犊与怀母犊的妊娠期基本上没有区别。

七、皖南牛

1. 原产地

皖南牛为亚热带山区役用牛，属南方黄牛类型，主要产于安徽省长江以南的绩溪及祁门各县和皖浙、皖赣交界的山区。产区有牛4.8万余头，在盆谷漫滩平原所产的牛体型较大。当地牛耐湿热，昼夜放牧在山谷中，围以牛栏，

定期垫草和起圈。绩溪、宁国等地至今尚有膘牛的习惯。

2. 外貌特征

在体型外貌上，皖南牛个子偏小，体型不匀，四肢细，按其外貌可分为粗糙型和细致型2种。粗糙型的牛头较粗重，额宽平，颈稍短，公牛肩峰较高，母牛为小突起，胸深，背腰平直，尾细长，四肢较短，蹄多黑色，质地坚实，毛色呈褐色、灰褐、黄褐、深褐、黑色等，且具背线。细致型的牛头较窄长而轻，颈细长而平，公牛稍具肩峰，母牛不明显，毛色多呈橘黄色、黄红色（图2-14和图2-15）。

图2-14　皖南牛公牛　　　　　　　　图2-15　皖南牛母牛

3. 生产性能

皖南牛后臀肌肉丰满，且双脊背牛较多，产肉性能较好。青壮年牛屠宰率为50%～55%，净肉率45%，肉质细嫩，美味可口。

4. 繁殖性能

在繁殖性能上，皖南牛5～6月龄出现性特征，8～9月龄开始发情，12～14月龄即可配种，2岁可产犊，1年可产1犊。泌乳量为300～400千克。公牛10月龄即能配种。

八、中国西门塔尔牛

1. 原产地

中国西门塔尔牛是20世纪50年代引进欧洲西门塔尔牛，在我国饲养管理条件下，采用开放核心群育种（ONBS）技术路线，吸收了欧美多个地域的西门塔尔牛种质资源，建立并完善了开放核心群育种体系，在太行山两麓半农半牧区、皖北、豫东、苏北农区，松辽平原，科尔沁草原等地建立了平原、山区和草原3个类群。形成乳肉兼用的中国西门塔尔牛（图2-16和图2-17）。

图2-16　中国西门塔尔牛平原类型

2. 外貌特征

毛色为红（黄）白花，花片分布整齐，头部呈白色或带眼圈，尾帚、四肢、肚腹为白色。角、蹄呈蜡黄色，鼻镜呈肉色。体躯宽深高大，结构匀称，体质结实、肌肉发达、被毛光亮。乳房发育良好，结构均匀紧凑。

成年公牛平均体重850～1 000千克，体高145厘米；母牛平均体重600千克，体高130厘米。

3. 生产性能

犊牛在放牧条件下，日增重可达800克以上，育肥期平均日增重0.9～1.0千克，屠宰率65%，净肉率57%，母牛在半育肥条件下的屠宰率为53%～55%。平均泌乳天数为285天，泌乳期产奶量平均为4300千克，乳脂率4.0%～4.2%，乳蛋白率3.5%～3.9%。中国西门塔尔牛性能特征明显，遗传稳定，具有较好的适应性，耐寒、耐粗饲，分布范围广，在我国多种生态条件下，都能表现出良好的生产性能。

4. 繁殖性能

母牛常年发情，发情周期18～22天，30月龄左右初产，妊娠期282～292

天，产后发情平均53天。犊牛初生重，公犊34千克，母犊32千克。难产率低。山区放牧条件下，一般三年两产。

图2-17　中国西门塔尔牛太行类型牛

九、夏南牛

夏南牛是以法国夏洛来牛为父本，以我国地方良种南阳牛为母本，经导入杂交、横交固定和自群繁育3个阶段的开放式育种，培育而成的肉牛新品种。2007年1月8日在原产地河南省泌阳县通过国家畜禽遗传资源委员会牛专业委员会审定。2007年5月15日在北京通过国家畜禽遗传资源委员会的审定。

夏南牛体型外貌一致。毛色为黄色，以浅黄、米黄居多；公牛头方正，额平直，母牛头部清秀，额平稍长；公牛角呈锥状，水平向两侧延伸，母牛角细圆，致密光滑，稍向前倾；耳中等大小；颈粗壮、平直，肩峰不明显。成年牛结构匀称，体躯干呈长方形；胸深肋圆，背腰平直，尻部宽长，肉用特征明显；四肢粗壮，蹄质坚实，尾细长；母牛乳房发育良好。成年公牛体高142.5厘米±8.5厘米，体重850千克左右，成年母牛体高135.5厘米±9.2厘米，体重600千克左右。

夏南牛体质健壮，性情温驯，适应性强，耐粗饲，采食速度快，易育肥；抗逆力强，耐寒冷，耐热性稍差；遗传性能稳定。

夏南牛繁育性能良好。母牛初情期平均432天左右，发情周期平均20天左右，初配时间平均490天左右，怀孕期平均285天左右。公犊初生重38.52千克±6.12千克、母犊初生重37.90千克±6.4千克。

夏南牛生长发育快。在农户饲养条件下，公母犊牛早期生长发育趋于一致，6月龄平均体重分别为197.35千克±14.23千克和196.50千克±12.68千克，平均日增重为0.88千克；周岁公母牛平均体重为299.01千克±14.31千克和292.40千克±26.46千克，平均日增重分别达0.56千克和0.53千克。体重350千克的架子公牛经强化肥育90天，平均体重达559.53千克，平均日增重可达1.85千克。

夏南牛肉用性能好。据屠宰实验，17~19月龄的未肥育公牛屠宰率60.13%，净肉率48.84%，肌肉剪切力值2.61，肉骨比4.8：1，优质肉切块率38.37%，高档牛肉率14.35%。夏南牛耐粗饲，适应性强，舍饲、放牧均可，在黄淮流域及以北的农区、半农半牧区都能饲养。具有生长发育快、易育肥的特点，深受育肥牛场和广大农户的欢迎，大面积推广应用有较强的价格优势和群众基础。夏南牛适宜生产优质牛肉和高档牛肉，具有广阔的推广应用前景。

十、其他地方品种牛

我国地大物博，牛品种资源丰富，如闽南牛（图2-18）、大别山牛（图2-19）、科尔沁牛（图2-20）、枣北牛（图2-21）、巴山牛（图2-22）、雷琼牛（图2-23）、温岭高峰牛（图2-24）、云南高峰牛（图2-25）、西藏牛（图2-26）、娥边花牛（图2-27）、渤海黑牛（图2-28）、三河牛（图2-29）、新疆褐牛（图2-30）和草原红牛（图2-31）等都具有一定的肉用性能，为肉牛业生产奠定了坚实的基础。

图2-18　闽南牛　　　　　　　　　图2-19　大别山牛

图2-20 科尔沁牛（公牛）

图2-21 枣北牛

图2-22 巴山牛（公牛）

图2-23 雷琼牛（公牛）

图2-24 温岭高峰牛（公牛）

图2-25 云南高峰牛（公牛）

图2-26 西藏牛（公牛）

图2-27 峨边花牛（公牛）

图2-28 渤海黑牛（母牛）

图2-29 三河牛（母牛）

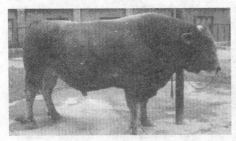

图2-30 新疆褐牛（公牛）

图2-31 草原红牛（公牛）

第二节 引进品种

一、西门塔尔牛

1. 产地及分布

西门塔尔牛原产于瑞士西部的阿尔卑斯山区，主要产地为西门塔尔平原和萨能平原。在法国、德国、奥地利等国家边邻地区也有分布。西门塔尔牛占瑞士全国牛存栏总量的50%、奥地利占63%、前西德占39%，现已分布到很多国家，成为世界上分布最广与数量最多的乳、肉、役兼用品种之一，是世界著名的兼用牛品种（图2-32）。

图2-32 西门塔尔牛（公牛）

2. 外貌特征

该牛毛色为黄白花或淡红白花，头、胸、腹下、四肢及尾帚多呈白色，皮肤呈粉红色。体型大，骨骼粗壮结实，体躯长，呈圆筒状，肌肉丰满。头较长，面宽，角较细而向外上方弯曲，尖端稍向上。颈长中等；前躯较后躯发育好，胸深，尻宽平，四肢结实，大腿肌肉发达，乳房发育好，泌乳力强。成年公牛体重为800～1 200千克，母牛为650～800千克。

3. 生产性能

西门塔尔牛乳用、肉用性能均较好。在欧洲良种登记的牛中，年产奶4 540千克者约占20%。该牛生长速度较快，平均日增重可达1.0千克以上，生长速度与其他大型肉用品种相近。胴体肉多，脂肪少而分布均匀，公牛育肥后屠宰率可达65%左右，成年母牛难产率低，适应性强，耐粗放管理。总之，该牛是兼具奶牛和肉牛特点的典型品种。

4. 繁殖性能

母牛常年发情，初产期30月龄，发情周期18～22天，产后发情间隔约53天，妊娠期282～290天，繁殖成活率90%以上，头胎难产率5%，平均产奶量为4 070千克，乳脂率3.9%。

5. 杂交改良效果

我国自20世纪初就开始引入西门塔尔牛，到1981年我国已有纯种西门塔尔牛3 000余头，杂交种50余万头。用西门塔尔牛改良各地的黄牛，都取得了比较理想的效果。据报道，西杂一代牛的初生重为33千克，本地牛仅为23千克；平均日增重，杂种牛6月龄为608.09克，18月龄为519.9克，本地牛相应为368.85克和343.24克；6月龄和18月龄体重，杂种牛分别为144.28千克和317.38千克，而本地牛相应为90.13千克和210.75千克。在产奶性能上，从全国商品牛基地县的统计资料来看，207天的泌乳量，西杂一代为1 818千克，西杂二代为2 121.5千克，西杂三代为2 230.5千克。

二、弗莱维赫牛

1. 产地与分布

弗莱维赫牛即德系西门塔尔牛。由德国宝牛育种中心（BVN），在西门塔尔牛的基础上，经过100多年的定向培育而形成的乳肉兼用牛品种。主要分

布于德国巴伐利亚州等地区。由于优良的乳肉性能，许多国家都纷纷引进。最近引入我国，用于改良我国黄牛以及西杂牛群（图2-33和图2-34）。

2. 外貌特征

具备标准的兼用牛体型，被毛黄白花，花片分明。头部、下肢、腹部多为白色。体格健壮，肢蹄结实，背腰平直，全身肌肉丰满，呈矩形。成年母牛十字部高140~150厘米，胸围210~240厘米，体重一般不低于750千克。尻宽且微倾斜，乳房附着紧凑，前伸后展，大小适度，乳静脉曲张

图2-33　弗莱维赫牛（公牛）

图2-34　弗莱维赫牛（繁殖母牛）

明显，乳房距地面较高。即使在多个泌乳期后，乳房深度也能保持在飞节以上。即使在泌乳高峰期，强健的背肌和后腿肌肉也能够保证其稳定性和健康度。无论是站立还是行走，身体都能保持协调，健康的肢蹄成为其突出的特点。

3. 生产性能

（1）乳用性能　种群平均乳用性能为泌乳期产奶量7000千克，乳脂率4.2%，乳蛋白率3.7%，根据管理和自然条件以及饲喂强度的不同，高产牛群产奶量可超过10 000千克。产奶量随胎次的增加而增长，第五胎达到产奶高峰。弗莱维赫牛的最大特点是在保持乳房健康的同时，泌乳峰值很高，而且各个泌乳期平均体细胞数不高于180 000个/毫升。

（2）肉用性能　公犊牛增重迅速，强度育肥下，16~18月龄出栏体重

达到700～800千克，平均日增重超过1300克/天。85%～90%的胴体在欧洲的市场等级为E级和U级。屠宰母牛的胴体重平均为350～450千克，肉质等级为欧洲市场的U级或R级。即具有中等肌间脂肪含量和大理石花纹。

4. 繁殖性能

弗莱维赫牛除泌乳量较高外，其繁殖性能类同于西门塔尔牛。

5. 杂交改良效果

目前，我国已经批量引进弗莱维赫牛冷冻精液，为我国全面提升现有西门塔尔牛群的生产性能奠定了基础。让农户繁殖母牛不仅生产小牛以提供肥育肉牛，而且可以用于挤奶。除满足小牛的哺乳外，还可提供商品奶。这样繁殖母牛养殖户可以获得肉、乳双重效益。与荷斯坦牛相比，弗莱维赫牛奶的乳脂率、乳蛋白率都高，而且风味特色好，生产奶酪、黄油等乳制品别具一格。对我国优质肉、特色奶的形成有着重要经济价值和现实意义。

三、蒙贝利亚牛

1. 产地与分布

蒙贝利亚牛即法系西门塔尔牛。由法国蒙贝利亚牛育种中心，在西门塔尔牛的基础上，经过长期以来的定向选育而形成具有优秀生产性状的乳肉兼用牛品种。原产于法国东部的道布斯（Doubs）县，是西门塔尔牛中产奶量最高的一支。1888年正式命名为"蒙贝利亚"，是法国的主要乳肉兼用牛品种之一（图2-35和图2-36）。

蒙贝利亚牛具有极强的适应性和抗病能力，耐粗饲，适宜于山区、草

图2-35 蒙贝利亚牛（公牛）

图2-36 蒙贝利亚牛（母牛）

图
说
肉
牛

养
殖
新
技
术

原放牧饲养，具有良好的泌乳性能，较高的乳脂率和乳蛋白率，以及突出的肉用性能。目前，已遍布世界40多个国家，引入我国主要饲养于内蒙古自治区、新疆维吾尔自治区、四川等地。

2. 外貌特征

被毛多为黄白花或淡红白花，头、腹、四肢及尾帚为白色，皮肤、鼻镜、眼睑为粉红色。标准的兼用型体型，乳房发达，乳静脉明显。成年公牛体重1100~1200千克，母牛700~800千克，第一胎泌乳牛（41319头）平均体高142厘米，胸宽44厘米，胸深72厘米，尻宽51厘米。

3. 生产性能

蒙贝利亚牛在原产地法国，2006年全国平均产奶量7752千克，乳脂率3.93%，乳蛋白率3.45%。蒙贝利亚牛产肉性能良好，公牛育肥到18~20月龄，体重600~700千克，胴体重达370~395千克，屠宰率55%~60%，肉质等级达到《EUROP》R~R$^+$，日增重平均为1350克/天。淘汰奶牛胴体重量350~380千克，肉质等级《EUROP》O$^+$~R$^-$。

蒙贝利亚牛耐粗饲，抗病力强，利用年限长，可利用10胎以上。产奶量高，乳质优良。饲料报酬高，生长发育速度快，肉用性能良好，公犊牛育肥，当年可达到450千克以上（图2-37和图2-38）。

图2-37 蒙贝利亚牛公犊牛育肥饲养　　图2-38 蒙贝利亚牛母牛群放牧管理

4. 繁殖性能

蒙贝利亚牛泌乳量高，其繁殖性能近似于西门塔尔牛。

5. 杂交改良效果

1987年我国从法国引进蒙贝利亚牛169头，其中，怀孕母牛158头，青年公牛3头。分别饲养在新疆呼图壁种牛场（47头）、内蒙古高林屯种畜场（55头）、四川阳坪种牛场（29头）、吉林查干花种畜场（18头）和北京延庆奶牛场（9头）。经过多年的育种工作，目前，蒙贝利亚牛已适应我国的生态环境，并在数量及生产性能上均有一定的发展和提高。

四、夏洛来牛

1. 产地及分布

夏洛来牛是欧洲主要的大型肉用品种牛，原产于法国中西部到东南部的夏洛来省和涅夫勒地区，自育成以来就以其生长快、肉量多、体型大、耐粗饲而受到国际市场的广泛欢迎，业已输往世界许多国家，参与新型肉牛的育成、杂交繁育，或在引入国进行纯种繁殖（图2-39）。

图2-39　夏洛来牛（公牛）

2. 外貌特征

该牛最显著的特点是体型大，被毛呈白色或乳白色，皮肤常有色斑，全身肌肉特别发达，骨骼结实，四肢强壮，头小而宽，角圆而较长，并向前方伸展，角质蜡黄，颈粗短，胸宽深，肋骨方圆，背宽肉厚，体躯呈圆筒状，肌肉丰满，后臀肌肉很发达，并向后和侧面突出。成年活重，公牛为1 100～1 200千克，母牛为 700～800千克。其平均体长、活重资料如下表所示。

表　夏洛来牛的体尺和活重

性别	体高（厘米）	体长（厘米）	胸围（厘米）	管围（厘米）	活重（千克）	初生重（千克）
公	142	180	214	26.5	1140	45
母	132	165	203	21.0	735	42

3. 生产性能

夏洛来牛在生产性能方面表现出的最显著特点是生长速度快，瘦肉产量高。在良好的饲养条件下，6月龄公犊可达250千克，母犊210千克。日增重可达1400克。在加拿大，良好饲养条件下公牛周岁可达511千克。该牛作为专门化大型肉用牛，产肉性能好，屠宰率一般为60%～70%。胴体瘦肉率为80%～85%。16月龄的育肥母牛胴体重达418千克，屠宰率66.3%。

4. 繁殖性能

青年母牛初次发情在396日龄，初次配种在17～20月龄。我国引进的夏洛来母牛发情周期为21天，发情持续期36小时，产后约62天第1次发情，妊娠期平均为286天。泌乳量较高，一个泌乳期可产奶2000千克，乳脂率为4.0%～4.7%，但该牛纯种繁殖时难产率较高（13.7%）。

5. 杂交改良效果

我国在1964年和1974年，先后2次直接从法国引进夏洛来牛，分布在东北、西北和南方部分地区，用该品种与我国本地牛杂交来改良黄牛，取得了明显效果。表现为夏杂后代体格明显加大，增长速度加快，杂种优势明显。

五、利木赞牛

1. 产地及分布

利木赞牛原产于法国中部的利木赞高原，并以此得名。在法国，其主要分布在中部和南部的广大地区，数量仅次于夏洛来牛，育成后于20世纪70年代初，输入欧美各国，现在世界上许多国家都有该牛分

图2-40　利木赞牛（公牛）

布，属于专门化的大型肉牛品种（图2-40和图2-41）。

2. 外貌特征

利木赞牛毛色呈红色或黄色，口、鼻、眼周围、四肢内侧及尾帚毛色较浅，角呈白色，蹄呈红褐色。头较短小，额宽，胸部宽深，体躯较长，后躯肌肉丰满，四肢粗短，肩峰隆起，背腰宽且平直。初生重为35～36千克。成

年公牛体重平均1 100千克，母牛600千克。在法国较好饲养条件下，公牛活重可达1 200～1 500千克，母牛达600～800千克。

图2-41 利木赞牛（母牛）

3. 生产性能

利木赞牛产肉性能高，胴体质量好，眼肌面积大，前后肢肌肉丰满，出肉率高，在肉牛市场上很有竞争力。集约饲养条件下，犊牛断奶后生长很快，10月龄体重即达408千克，周岁时体重可达480千克左右，哺乳期平均日增重为0.86～1.0千克；该牛在幼龄期，8月龄小牛就可生产出具有大理石纹的牛肉。因此，是法国等一些欧洲国家生产牛肉的主要品种。屠宰率一般为63%～70%，瘦肉率可达80%～85%。肉品质好，细嫩味美，脂肪少，瘦肉多。

4. 繁殖性能

利木赞牛初产年龄2.5岁，难产率低。成年母牛平均泌乳期产奶1 200千克，乳脂率5%。

5. 杂交改良效果

我国数次从法国引入利木赞牛，在山西、河南、山东、内蒙古等地改良当地黄牛。利杂牛体型改善，肉用特征明显，生长强度增大，杂种优势明显。目前，黑龙江、山东、安徽为主要供种区，全国现有改良牛45万头。

六、海福特牛

1. 产地及分布

海福特牛原产于英格兰西部的海福特郡，是世界上最古老的中小型早熟肉牛品种，现分布于世界上许多国家（图2-42和图2-43）。

2.外貌特征

具有典型的肉用牛体型，分为有角和无角两种类群。体格较小，头短额宽，颈粗短，体躯肌肉丰满，呈圆筒状，胸宽深，背腰宽平，臀部宽厚，肌肉发达，四肢短粗，侧望体躯呈矩形。全身被毛除头、颈下部、胸、腹下部、四肢下部以及尾尖为白色外，其余均为红色，角为蜡黄色或白色。

图2-42　有角海福特牛（公牛）

图2-43　无角海福特牛（公牛）

3. 生产性能

海福特牛成年母牛体重平均520～620千克，公牛900～1100千克；犊牛初生重28～34千克。该牛7～18月龄的平均日增重为0.8～1.3千克；良好饲养条件下，7～12月龄平均日增重可达1.4千克以上。据记载，加拿大1头公牛，育肥期日增重高达2.77千克。屠宰率一般为60%～65%，18月龄公牛活重可达500千克以上。该品种牛适应性好，在干旱高原牧场冬季严寒（-50～-48℃）的条件下或夏季酷暑（38～40℃）条件下，都可以放牧饲养和正常繁殖，表现出良好的适应性和生产性能。

4. 繁殖性能

海福特牛性成熟较早，6月龄可见性行为，15～18月龄可初配，发情周期21天，发情持续期12～36小时，妊娠期平均为277天。引入我国后，其受胎率可达92.3%，成活率为90.08%。

5. 杂交改良效果

我国曾陆续从美国引进该牛，现已分布于我国东北、西北广大地区，总数有400余头。各地用其与本地黄牛杂交，海杂牛一般表现体格加大，体型改善， 宽度提高明显；犊牛生长快，抗病耐寒，适应性好，体躯被毛呈红色，但头、腹下和四肢部位多有白毛。

七、安格斯牛

1. 产地及分布

安格斯牛属于早熟的小型肉牛品种。原产于英国的阿伯丁、安格斯和金卡丁等郡，并因地得名。目前，世界上多数国家都有该品种牛。

2. 外貌特征

安格斯牛以被毛黑色和无角为其重要特征，故也称其为无角黑牛（图2-44）。而育种专家又在安格斯牛群中培育出了红色安格斯牛。该牛体躯低矮，体质结实；头小而方，额宽，颈中等长，背线平直；体躯宽深，腰和荐部丰满，呈圆筒形，四肢短而直，前后裆较宽，全身肌肉丰满，皮肤松软富有弹性，具有现代肉牛的典型体型。安格斯牛成年公牛平均活重为700～900千克，母牛为500～600千克，犊牛平均初生重25～32千克，成年公、母牛体高分别为130.8厘米和118.9厘米。

图2-44　黑安格斯牛

3. 生产性能

安格斯牛具有良好的肉用性能，被认为是世界上专门化肉牛品种中的典型品种之一。表现早熟，胴体品质高，出肉多。7～8月龄断奶牛可达200千克，8月龄日增重0.9～1.0千克，肥牛12月龄可达400千克，屠宰率一般为60%～65%，肌肉大理石纹很好。该牛适应性强，耐寒抗病。缺点是该牛稍具神经质。

4. 繁殖性能

安格斯牛约12月龄达性成熟，18～20月龄可初配，发情周期平均为21

天，妊娠期279天。连产性好，难产率低。泌乳量639～717千克，乳脂率4.3%～4.9%。

5. 杂交改良效果

安格斯牛性情温和，易于管理，在国际肉牛杂交体系中被认为是最好的母系。

安格斯牛适应丘陵、山区的自然放牧，也适应秸秆养牛的舍饲条件，利用安格斯牛改良提高肉牛品质，是增强我国牛肉出口竞争能力，发展创汇农业的有效途径。

八、皮埃蒙特牛

1. 产地及分布

皮埃蒙特牛原产于意大利北部波河平原的皮埃蒙特地区的都灵、米兰、克里英等地，属于温和的中欧型大陆气候，夏季热，冬季寒冷。皮埃蒙特牛目前正向世界各地传播。我国于1986年引进细管冻精和冷冻胚胎，现分布于北方一带。

图2-45　皮埃蒙特牛（公牛）

2. 外貌特征

皮埃蒙特牛属中型肉牛，是瘤牛的变种（图2-45和图2-46）。颈短粗，上部呈方形，复背复腰，腹部上收，体躯较长呈圆筒形，全身肌肉丰满，臀部肌肉凸出，双臀。公牛皮肤呈灰色或浅

图2-46　皮埃蒙特牛（双脊犊牛）

红色，头部眼帘、眼圈、颈、肩、四肢、身体侧面和后腿侧面有黑色素；母牛呈白色或浅红色，也有暗灰或暗红色。犊牛被毛为乳黄色，以后逐渐变为灰白色。角在20月龄变黑，成年后基部1/3呈浅黄色。鼻镜、唇、尾尖、蹄等处呈黑色。成年公牛体高140~150厘米，体重800~1 000千克；母牛体高130厘米，体重500~600千克；犊牛初生重，公牛42千克，母牛40千克。

3. 生产性能

早期增重快，皮下脂肪少，屠宰率和瘦肉率高，饲料报酬高，肉嫩、色红，皮张弹性度极高。0~4月龄日增重为1.3~1.4千克，周岁体重达400~500千克。屠宰率65%~72.8%，净肉率66.2%，胴体瘦肉率84.1%，骨率13.6%，脂肪率1.5%，平均每增重1千克耗精料3.1~3.5千克。皮埃蒙特牛不仅肉用性能好，且抗体外寄生虫，耐体内寄生虫，耐热，皮张质量好。

4. 繁殖性能

皮埃蒙特牛妊娠期289~291天，产奶量平均为3500千克，乳脂率4.17%。不足之处是易发生难产。

5. 杂交改良效果

皮埃蒙特与我国黄牛杂交效果较好，用其作父本与南阳牛杂交，杂交一代犊牛的初生重比本地牛高25% 左右。与荷斯坦牛杂交所生后代公牛12月龄活重达415千克，平均日增重1197克，屠宰率61.4%；与黄牛杂交后代公牛在适当肥育的情况下，18月龄体重达496千克。改良后代成年牛身腰加长，后臀丰满，后期生长发育明显高于其他品种，并保持了中国黄牛肉多汁、嫩度好、口感好、风味可口的特点。

九、短角牛

1. 产地及分布

短角牛原产于英格兰的诺桑伯、德拉姆、约克和林肯等郡。因该品种牛是由当地土种长角牛经改良而来，角较短小，故取与其相应的名称为短角牛。短角牛的培育始于16世纪末17世纪初，最初只强调育肥，到20世纪初，经培育的短角牛已是世界闻名的肉牛良种了。1950年，随着世界奶牛业的发展，短角牛中一部分又向乳用方向选育，于是逐渐形成了近代短角牛的2种类型，即肉用短角牛和乳肉兼用型短角牛。

2. 外貌特征

肉用短角牛被毛以红色为主，有白色和红白交杂的个体，部分个体腹下或乳房部有白斑，鼻镜粉红色，眼圈色淡，皮肤细致柔软。该牛体型为典型肉用牛体型，侧望体躯呈矩形，背部宽平，背腰平直，尻部宽广、丰满，股部宽而多肉。体躯各部位结合良好，头短，额宽平角短细、向下稍弯，角呈蜡黄色或白色，角尖部黑色，颈部被毛较长且多卷曲，额顶部有丛生的被毛（图2-47）。该牛活重：成年公牛平均900~1 200千克，母牛600~700千克；公、母牛体高分别为136厘米和128厘米。兼用型短角牛基本上与肉用短角牛一致，不同的是其乳用特征较为明显，乳房发达，后躯较好，整个体格较大。

图2-47　短角牛（公牛）

3. 生产性能

肉用短角牛早熟性好，肉用性能突出，利用粗饲料能力强，增重快，产肉多，肉质细嫩。17月龄活重可达500千克，屠宰率为65%以上。肌肉大理石花纹好，但脂肪沉积不够理想。兼用型短角牛：泌乳量为3000~4 000千克，乳脂率为3.5%~3.7%，在我国吉林省通榆县繁育了约40年的短角牛，第一泌乳期泌乳平均2537.1千克，以后各泌乳期泌乳量为2 826~3 819千克。其肉用性能与肉用短角牛相似。

4. 繁殖性能

短角牛性成熟早，8月龄即可发情，发情周期平为21.9天；老龄牛发情持续期为35.6天，青年牛为26天，妊娠期为282.6天；自然双胎率为9.52%。我国引进的短角牛繁殖率为91.93%。

5. 杂交改良效果

短角牛是世界上分布很广的品种。我国曾多次引入，在东北、内蒙古等地改良当地黄牛，普遍反映杂种牛毛色紫红，体型改善、体格加大、产乳量提高，杂种优势明显。我国育成的乳肉兼用型新品种——草原红牛，就是用乳用短角牛同吉林、河北和内蒙古自治区等地的7种黄牛杂交而选育成的。其乳肉性能都取得全面提高，表现出了很好的杂交改良效果。

十、德国黄牛

1. 产地及分布

德国黄牛原产于德国拜恩州的维尔次堡、纽伦堡、班贝格等地及奥地利毗邻地区，其中，德国数量最多，系瑞士褐牛与当地黄牛杂交选育而成。在美洲和欧洲享有较高声誉，为肉乳兼用型品种，但侧重于肉用。

2. 外貌特征

德国黄牛与西门塔尔牛血缘相近，体型似西门塔尔牛（图2-48）。毛色呈浅红色，体躯长，体格大，胸深，背直，四肢短而有力，肌肉强健。母牛乳房大，附着结实。

图2-48　德国黄牛（公牛）

3. 生产性能

成年公牛体重900~1 200千克，母牛600~700千克，屠宰率62%，净肉率56%。犊牛初生重平均为42千克。小牛易肥育，肉质好，屠宰率高。去势小公牛育肥至18月龄时体重达500~600千克。

4. 繁殖性能

母牛初次产犊时年龄平均为28月龄，难产率低；泌乳期产奶量4 164千克，乳脂率4.1%。

5. 杂交改良效果

我国河南省于1997年引进该品种进行杂交改良，效果良好。

十一、比利时蓝白牛

1. 产地及分布

比利时蓝白牛原产于比利时王国的南部，在19世纪末，比利时本地牛与法国的夏洛来牛交配，又与英国的短角牛杂交，后来杂交停止，进行了选

择，就育成了乳肉兼用的蓝白花牛，比利时蓝白牛约占全国牛总数的1/2，多分布在靠近法国平原一带。

2. 外貌特征

经过选种育成的牛为蓝白色，在白色底上有蓝斑点，又称蓝白花牛（图2-49）。体躯强壮，背直，肋圆，全身肌肉极度发达，臀部丰满，后腿肌肉突出。温顺易养。公牛角向外略向前弯。成年体重，公牛1 181千克，最重的达1 295千克；母牛727千克，个别牛达864千克，肉用性状表现为肌肉宽厚的尻部和向后延伸宽厚的后大腿，这是其他肉用牛很少有的。

图2-49 比利时蓝白花牛（公牛）

3. 生产性能

公牛育肥到13月龄的体重达571千克，体高123厘米，7～13月龄日增重为1.57千克。比利时蓝白牛饲料转化率为5.8：1，荷斯坦牛杂种为6.6：1。屠宰率在70%以上。经过育肥的比利时蓝白牛，胴体中各种特级肉的比例非其他品种肉牛可比。胴体中可食部分占比例大，优等者，胴体中肌肉率70%、脂肪率13.5%、骨率16.5%。胴体一级切块率高，即使前腿肉也能形成较多的一级切块。肌纤维细，肉质嫩，肉质完全符合国际市场的要求。

4. 繁殖性能

比利时蓝白牛早熟，1.5岁左右可初配，平均妊娠期为282天，初生重公、母犊牛分别为46千克和42千克。母牛平均产奶量为4 400千克，乳脂率为4.5%。

5. 杂交改良效果

比利时蓝白牛是欧洲黑白花牛的一个分支，是该血统牛中唯一育成的肉用专门品种。我国在1996年后引进，作为肉牛配套系的父系品种。

十二、日本和牛

1.产地及分布

日本和牛产于日本，是日本分布最广、数量最多的肉牛品种（图2-50和图2-51）。

图2-50　日本和牛（母牛）

图2-51　日本和牛（公牛）

2.外貌特征

日本和牛属于中型偏大的肉牛品种。被毛以黑色为主，毛尖呈黑褐色，但也有褐色被毛，一般和牛分为褐色和黑色两种；根据角的有无可分为无角和有角两个类型，无角和牛是用安格斯牛改良当地土种牛育成的，有角和牛由当地牛选育而成。

日本和牛前躯和中躯发育良好，后躯发育差，四肢强健，蹄质坚实，皮薄而富弹性，被毛柔软。成年公牛体高142～149厘米，体重 920～1 000千克；母牛体高125～128厘米，体重510～610千克。

3.生产性能

和牛生长发育速度快，公牛9月龄去势进行育肥，18～20月龄体重可达650～750千克，肉品质好，多汁细嫩，大理石花纹明显。肌肉脂肪中饱和脂肪酸含量很低，风味独特。日本和牛肉在日本的市场价最高。屠宰率平均为65%。

4.繁殖性能

和牛晚熟，母牛3岁、公牛4岁才进行初次配种。

十三、婆罗门牛

婆罗门牛是在美国育成的瘤牛新品种（图2-52）。

1. 体型外貌

婆罗门牛在体形外貌上保留着印度瘤牛的特点，即耳朵下垂而大，瘤峰高耸或有巨大的肉瘤位于颈后缘，颈垂和脐垂都十分发达，往往前后连成一大片垂皮。体躯较短，体格高大但狭窄。婆罗门牛的毛色遗传自许多牛种，比较复杂，有白色、灰色、棕色、红色、

图2-52　婆罗门牛

黑色、也有花斑。公牛大多数在颈部和瘤峰部为深色或黑色，成晕色特征。

2.. 生产性能

婆罗门牛皮肤汗腺发达，有利于在湿热的气候下排热；眼睑从来不产生癌变，这是黑色眼睑起的作用；被毛白色不易吸引昆虫，而短且密的毛被对一般的昆虫有阻抗作用；婆罗门牛很少得膨胀病；寿命长，通常能活15～20年；炎热季节不影响发情；保姆性特别强，婆罗门牛奶中含脂率高达5.17%，蛋白质也较高；顺产率高，因犊牛出生重为28～32千克，犊牛头窄小，肩窄小，而盆腔后倾角度大，临产时骨盆腔开张大，很少难产；与血缘较远的非瘤牛品种有极好的杂交优势。

十四、辛布拉牛

辛布拉牛是西门塔尔牛与婆罗门牛的后裔（图2-53）。

1. 体型外貌

辛布拉牛体格高大，身躯深长，背腰宽，后躯饱满，头额部不很宽，颈短，有肩峰。耳长而下垂。垂皮

图2-53　辛布拉牛

发达，四肢轮廓清晰，端正，蹄质良好。毛色自浅灰到深红不等，头部白色或白

顶，经常有深色眼圈和嘴圈。肉质多受欧洲牛血缘影响而比较鲜嫩。

2. 生产性能

成年公牛体重平均 1 100 千克，最高达1 400千克。发育阶段平均日增重为 1.1千克，420日龄时活重达460千克以上，屠宰率61%，腔油含量只有3.1%，出肉率51%。成年母牛体重平均600千克。辛布拉牛是我国南方可用的杂交用品种之一。

十五、墨瑞灰牛

墨瑞灰牛因育成于澳大利亚的维多利亚洲莫瑞河上游谷地而得名（图2-54）。

1. 体型外貌

该牛种体型与安格斯牛相似，但体躯呈圆形，肌肉比较发达。个体全部无角。毛色呈银灰、灰色和深灰色。鼻镜和蹄都是灰色。

图2-54 墨瑞灰牛

2. 生产性能

墨瑞灰牛性情温和，哺乳能力强。在屠宰形状上，脂肪大多分布在皮下和肌束间，肌肉纤维内较少。

十六、抗旱王牛

抗旱王牛育成于澳大利亚昆士兰州的北部，由多个品种经复杂杂交而育成。

1. 体型外貌

抗旱王牛有无角和有角两种，耳中等大小，垂皮长。但瘤峰不很高，体躯较长（图2-55）。

图2-55 抗旱王牛

2. 生产性能

抗旱王牛含婆罗门牛和英国早熟品种牛血缘，因而适应热带气候和早熟，出肉率高等优良性状。具抗膨胀病特点，生长速度快。但不如英国牛温和，因此需要调教。母牛保姆性强，繁殖力高。

十七、圣格鲁迪牛

圣格鲁迪牛在美国得克萨斯州育成。

1. 体型外貌

圣格鲁迪牛是由英国肉用牛种和婆罗门牛混血而成的品种，公牛都有小型的肩峰，胸部比较深，骨骼不特别粗，颈下和颌下有垂皮，肚下有比较发达的脐垂。耳朵大小中等但不下垂，毛色以红色及枣红色为主，有的个体腹部有白色毛片（图2-56）。毛短光亮，皮肤松软。

图2-56　圣格鲁迪牛

2. 生产性能

圣格鲁迪牛带犊性能好，出肉率高，适宜于放牧。以体重与体高相比，表现为瘤牛的体格特点。引入我国后，用于改良我国黄牛，效果良好。

十八、萨莱斯牛

萨莱斯牛产于法国中央高地奥弗涅地区。是法国最古老的牛种之一，现选育成肉乳兼用牛，同时可作为保姆牛育犊和生产牛肉的品种（图2-57）。

1. 体型外貌

萨莱斯牛为较大型的

图2-57　萨莱斯牛

牛种，体质壮实，体躯宽深，后躯肌肉发达。四肢健壮，蹄质结实，角细而长，向两侧平出并扭向后上方挑起，公牛角较粗，不扭曲而向前上方伸展。毛色为红色，自深黄到紫红不等。

2. 生产性能

在强度育肥条件下，公犊日增重可达1.3千克。宰前重为647千克时，屠宰率达55.3%，胴体重358千克。18月龄屠宰时，胴体含肌肉率69%，脂肪率15.5%，骨骼率15.5%，24月龄屠宰，分别能达到72%、15%和13%，肉质细嫩。在人工草地放牧并补料的条件下，平均产奶量3 000～3 500千克，乳脂率3.8%，乳蛋白率3.45%。

十九、南德温牛

南德温牛原产于英格兰德温郡南部和卡如爱尔地区，现在世界许多国家均有分布。我国在部分地区也已引入（图2-58）。

图2-58　南德温牛

1. 体型外貌

南德温牛体格大，是英格兰和苏格兰牛品种中体格最大的牛。体躯细长、四肢短，体躯丰满。全身肌肉发育良好。有角，20世纪70年代开始，培育无角南德温牛。南德温牛毛色为黄色，但深浅不一，通常身躯上混有杂色毛。眼圈和嘴四周毛色较浅，阴囊为肉色。

2. 生产性能

南德温牛是肉乳兼用品种，有些国家也专作肉用牛。一般在杂交利用中，作为顺产率高及中等身躯的配套品种。南德温牛的日增重不亚于英国其他肉用牛。平均产乳量为3 364千克，乳脂率3.9%。目前，在世界牛品种中，南德温牛不像其他专用品种那样受到重视，但其肉乳兼用、特别是肉用性能的潜力很大，成年公牛活重超过1 000千克，具有一定的竞争力。南德温牛能适应较差的环境及饲养条件，长寿，难产率低于欧洲大型肉牛。犊牛体质好，公犊出生重达45千克，在相近出生重的情况下，其难产率较欧洲大陆牛种低。

二十、契安尼娜牛

契安尼娜牛起源于罗马帝国，在地域上是意大利多斯加尼地区的契安尼娜山谷，并逐步扩展到阿尔卑斯山的地中海一侧，属于古老的欧洲原牛的后裔。

1. 体型外貌

契安尼娜牛是世界上体型最高大的品种，公母牛体格都很高大（图2-59）。公牛1周岁体重达480千克，母牛360千克；1.5岁公牛达690千克，母牛达470千克；2周岁公牛达850千克，母牛达550千克。成年公牛体重最大为1 780千克，成年母牛体重为800~900千克。契安尼娜牛四肢较长，全身白色，鼻镜，蹄和尾帚为黑色。犊牛出

图2-59　契安尼娜牛

生时为黄色到褐色，约60天后变成白色。适宜放牧，夏季放牧比较抗晒。

2. 生产性能

经肉用性能考察，契安尼娜牛的优势表现在：达到24月龄前连续保持快速生长的长势；瘦肉比例高，契安尼娜牛骨重平均占胴体的17.10%，肥肉占4.1%，一级肉占52.2%，二级肉占26.6%；出现长肥肉的年龄较晚。在500千克屠宰时，胴体脂肪占2.11%~4.70%，12~15月龄时屠宰率为60%。当别的牛种达到500千克时，一般不再快长，而契安尼娜牛却能继续快长；契安尼娜牛母牛繁殖能力强，一次配种的受胎率可达85%。

二十一、韩国黄牛

韩国黄牛原产于韩国，为世界上能生产优质牛肉的品种之一（图2-60）。近年来引入我国，饲养于东北地区，改良效果良好。

图2-60　韩国黄牛

第三章 肉牛饲草料生产加工

第一节 肉牛饲料的特性与分类

根据国际分类原则，按照饲料的营养特性，我国将饲料分成八大类：青绿饲料、青贮饲料、粗饲料、能量饲料、蛋白质饲料、矿物质饲料、维生素饲料、添加剂饲料。

一、青绿多汁饲料

指天然水分含量60%及其以上的青绿多汁植物性饲料。以富含叶绿素而得名。

（一）营养特性

青绿饲料水分含量高，为70%～90%，粗蛋白质较丰富，品质优良，其中非蛋白氮大部分是游离氨基酸和酰胺，对牛的生长、繁殖和泌乳有良好的作用。无氮浸出物含量高，粗纤维含量低。干物质中无氮浸出物为40%～50%，而粗纤维不超过30%。

青绿饲料中还含有丰富的维生素，特别是维生素A原（胡萝卜素），可达50～80毫克/千克；也是矿物质的良好来源。矿物质中钙、磷含量丰富，比例适当，尤其是豆科牧草更为突出。还富含铁、锰、锌、铜、硒等必需的微量元素。青绿饲料易消化，牛对有机物质的消化率可达75%～85%。还具有轻泻、保健作用。

（二）常见的青绿饲料

1. 禾本科青绿饲料

禾本科草种类很多，大部分品种在籽实尚未成熟时适口性都非常好。

（1）青饲玉米、高粱 在禾本科青绿饲料中以青饲玉米品质最好，老化晚，饲用期长，从抽穗期直到成熟期消化率变化不大，乳熟期到蜡熟期收获干物质单位面积产量增加。青饲玉米柔软多汁，适口性好。图3-1为饲用玉米。

青饲高粱也是肉牛的好饲料。特别是甜茎高粱。

（2）青饲大麦、燕麦、黑麦

青饲大麦是优良的青绿多汁饲料。生长期短、分蘖力强，再生力强。通常于孕穗至开花期收割饲喂。开花期以后老化，品质下降。

燕麦叶多茎少，叶宽长，柔软多汁，适口性好，是一种很好

图3-1　饲用玉米

的青饲料。收获期对营养成分影响不大，从乳熟期至成熟期均可收获。

黑麦草生长快，分蘖多，茎叶柔软光滑，品质好，适口性也好。喂牛应在抽穗前或抽穗期收割。

此外，鸡脚草、无芒雀麦草、牛尾草、羊草、披碱草、象草和苏丹草均为重要的禾本科牧草。鲜草既可直接饲喂肉牛，也可以调制成干草或制作青贮。

2. 豆科青绿饲料

豆科青绿饲料种类比禾本科少。豆科植物蛋白质、钙和磷含量比禾本科植物高，而可溶性碳水化合物、锰和锌的含量比禾本科低。

青饲苜蓿营养价值高、适口性好，一年可收割几茬。但苜蓿茎木质化比禾本科草早且快。通常认为有1/10～1/2植株开花时收割适宜（图3-2）。

图3-2　紫花苜蓿

此外，三叶草、小冠花、草木犀、金花菜、毛苕子、沙打旺和紫云英也是良好的豆科牧草。

3. 树叶类饲料

槐、榆、杨树等的树叶也是良好的肉牛饲草。

4. 叶菜类饲料

苦荬菜、聚合草、甘蓝、人类食用剩余的蔬菜、次菜及菜帮等。

5. 水生饲料

主要有水浮莲、水葫芦、水花生和绿萍等。

（三）合理利用

青绿饲料干物质和能量含量低，应注意与能量饲料、蛋白质饲料配合使用，青饲补饲量不要超过日粮干物质的20%。又因含有较多草酸，具有轻泻作用，易引起拉稀和影响钙的吸收。为了保证青绿饲料的营养价值，适时收割非常重要，一般禾本科牧草在孕穗期刈割，豆科牧草在初花期刈割。有的树叶含有单宁，有涩味、适口性不佳，必须加工调制后再喂。水生饲料在饲喂时，要洗净并晾干表面的水分后再喂。叶菜类饲料中含有硝酸盐，在堆贮或蒸煮过程中被还原为亚硝酸盐，牛瘤胃中的微生物也可将青绿饲料中的硝酸盐还原成亚硝酸盐，在瘤胃中形成的亚硝酸盐还可被进一步还原成氨，但这一过程缓慢，且需要一定的能量。瘤胃可以大量吸收亚硝酸盐，饲喂后5~6小时，血液中浓度达到高峰，可迅速将血红蛋白转变成高铁血红蛋白，引起牛中毒，甚至死亡。故饲喂量不宜过多。幼嫩的高粱苗、亚麻叶等含有氰甙，在瘤胃中可生成氢氰酸，引起中毒。喂前晾晒或青贮可预防中毒。

饲喂鲜苜蓿草的牛应补饲干草，以防瘤胃膨气病的发生。

二、青贮饲料

指将新鲜的青刈饲料作物、牧草或收获籽实后的玉米秸等青绿多汁饲料直接或经适当的处理后，切碎、压实、密封于青贮窖、壕或塔内，在厌氧环境下，通过乳酸发酵而成。青贮是养牛业最主要的饲料来源，在各种粗饲料加工中保存的营养物质最高（保存83%的营养），粗硬的秸秆在青贮过程中还可以得到软化，增加适口性，使消化率提高。青贮饲料在密封状态下可以长年保存，制作简便，成本低廉。

（一）营养特性

青贮饲料的营养价值因青贮原料不同而异。其共同特点是粗蛋白质主要是由非蛋白氮组成，且酰胺和氨基酸的比例较高，大部分淀粉和糖类分解为乳酸，粗纤维质地变软，胡萝卜素含量丰富，酸香可口，具有轻泻作用。

（二）常见青贮饲料

青贮原料很多，凡是无毒的青绿植物均可调制成青贮料。

1. 禾本科作物

（1）玉米青贮

①玉米秸秆青贮。收获果穗后的玉米秸上能保留1/2的绿色叶片，应立即青贮。若部分秸秆发黄，3/4的叶片干枯视为青黄秸，青贮时每100千克需加水5～15千克。目前，已培育出收获果穗后玉米秸全株保持绿色的玉米新品种，很适合作青贮。玉米秸秆青贮目前是我国农区肉牛的主要饲料。

②带穗玉米青贮。玉米带穗青贮，即在玉米乳熟后期收获，将茎叶与玉米穗整株切碎进行青贮，这样可以最大限度地保存蛋白质、碳水化合物和维生素，具有较高的营养价值和良好的适口性，是牛的优质饲料。玉米带穗青贮含有43%左右的籽实，饲喂肉牛，只需添加蛋白质和矿物质等营养成分，就可满足牛的营养需要。其干物质的营养含量为粗蛋白8.4%、碳水化合物12.7%、可消化总营养成分达到77%。用这样的玉米青贮从单位面积土地上获得的营养物质量或换回的奶、肉数量要比玉米籽实加玉米秸饲喂的效果提高30%。玉米青贮如图3-3所示。

图3-3　玉米青贮

（2）高粱青贮

高粱植株高3米左右，产量高。茎秆内含糖量高，特别是甜高粱，可调制成优良的青贮饲料，适口性好。一般在蜡熟期收割。

此外，冬黑麦、大麦、无芒雀麦、苏丹草等均是优质青贮原料。收割期约在抽穗期。禾本科作物由于含有2%以上的可溶性糖和淀粉，青贮制作容易成功。

2. 豆科作物

苜蓿、草木犀、三叶草、紫云英、豌豆、蚕豆等通常在始花期收割。因其含蛋白质高，糖分少，在制作高水分青贮时应与含可溶性糖、淀粉多的饲料混合青贮。例如，与玉米高粱茎秸混贮；与糠麸混贮；与甜菜、甘薯、马铃薯混贮；或者经晾晒水分低于55%时进行半干青贮。

3. 蔬菜、水生饲料

胡萝卜缨、白菜、甘蓝、马铃薯秧、红薯藤、南瓜秧以及野草、野菜、水生饲料等，因含水量高、糖分低不易青贮。通常经晾晒水分降至55%以下进行半干青贮或者与含糖高、水分低的其他饲料混贮。

4. 块根、块茎

含有多量的淀粉，如与干草粉混贮，效果较好。

（三）合理利用

在饲喂时，青贮饲料可以全部代替青饲料，但应与碳水化合物含量丰富的饲料搭配使用，以提高瘤胃微生物对氮素的利用率。牛对青贮饲料有一个适应过程，用量应由少到多逐渐增加，日喂量15～25千克。禁用霉烂变质的青贮料喂牛。

三、粗饲料

干物质中粗纤维含量在18%以上的饲料均属粗饲料。包括青干草、秸秆、秕壳和部分树叶等。

（一）营养特性

粗纤维含量高，可达25%～50%，并含有较多的木质素，难以消化，消化率一般为6%～45%；秸秆类及秕壳类饲料中的无氮浸出物主要是半纤维素和多缩戊糖的可溶部分，消化率很低，如花生壳无氮浸出物的消化率仅为12%。粗蛋白质含量低且差异大，为3%～19%。粗饲料中维生素D含量丰富，其他维生素含量低。优质青干草含有较多的胡萝卜素，秸秆和秕壳类饲料几乎不含胡萝卜素；矿物质中含磷很少，钙较丰富。

（二）常见的粗饲料

1.青干草

青干草是青绿饲料在尚未结籽以前刈割，经过日晒或人工干燥而制成的，较好地保留了青绿饲料的养分和绿色，干草作为一种储备形式，调节青饲料供应的季节性，是牛的最基本、最重要的饲料。可以制成干草的有禾

图3-4　青干草露天堆垛

本科牧草、豆科牧草、天然牧草等。要注意发霉腐烂、含有有毒植物的干草不可饲喂。青干草露天堆垛如图3-4所示。

优质干草叶多，适口性好，蛋白质含量较高，胡萝卜素，维生素D、维生素E及矿物质丰富。粗蛋白质含量禾本科干草为7%～13%，豆科干草为10%～21%；粗纤维含量高，为20%～30%，所含能量为玉米的30%～50%。

2.秸秆

农作物收获籽实后的茎秆、叶片等统称为秸秆。秸秆中粗纤维含量高，可达30%～45%，其中木质素多，一般为6%～12%。可发酵氮源和过瘤胃蛋白质含量极低，有的几乎等于零。单独饲喂秸秆时，牛瘤胃中微生物生长繁殖受阻，影响饲料的发酵，不能给宿主提供必需的微生物蛋白质和挥发性脂肪酸，难以满足牛对能量和蛋白质的需要。秸秆中无氮浸出物含量低，此外还缺乏一些必需的微量元素，并且利用率很低。除维生素D外，其他维生素也很缺乏。

该类粗饲料虽然营养价值很低，但在我国资源丰富，如果采取适当的补饲措施，如补饲尿素、淀粉类精料、过瘤胃蛋白质、矿物质及青饲料等，并结合适当的加工处理，如氨化、碱化及生物处理等，能提高牛对秸秆类粗饲料的消化利用率。

（1）玉米秸　刚收获的玉米秸，营养价值较高。但随着储存期加长（风吹、日晒、雨淋），营养物质损失较大。一般玉米秸粗蛋白质含量为5%左右；粗纤维为25%左右，牛对其粗纤维的消化率为65%左右；同一株玉米秸的营养价值，上部比下部高，叶片较茎秆高。不同品种玉米秸，营养价值不同。玉米穗苞叶和玉米芯营养价值很低（图3-5）。玉米秸秆堆放如图3-6所示。

图3-5　玉米秸秆黄贮

图3-6　玉米秸秆堆放

（2）麦秸　括小麦秸、大麦秸、燕麦秸等。小麦秸在麦秸中数量最多，春小麦秸比冬小麦好，小麦秸营养低于大麦秸，燕麦秸的饲用价值最高。麦秸的营养价值较低，其中，木质素含量很高，含能量低，消化率低，适口性差，是质量较差的粗饲料。该类饲料饲喂肉牛时必须经过适当的氨化和碱化处理。小麦秸如图3-7所示。

图3-7　小麦秸

（3）稻草　营养价值低于玉米秸、谷草，优于小麦秸，是我国南方地区的主要粗饲料来源。粗蛋白质含量为2.6%～3.2%，粗纤维21%～33%。灰分含量高，但主要是不可利用的硅酸盐。钙多磷含量低。牛对稻草的消化率为50%左右，其中，对蛋白质和粗纤维的消化率分别为10%和50%左右，经氨化和碱化处理后可显著提高其消化率。

（4）谷草 禾本科秸秆中，谷草品质最好。质地柔软、叶片多，适口性好。

（5）豆秸 豆科秸秆。由于大豆秸木质素含量高达20%~23%，质地坚硬。但与禾本科秸秆相比，粗蛋白质含量和消化率较高。在豆秸中蚕豆秸和豌豆秸质地较软，品质较好。由于豆秸质地坚硬，应粉碎后饲喂，以保证充分利用。

3. 秕壳

子实脱离时分离出的夹皮、外皮等。营养价值略高于同一作物的秸秆，但稻壳和花生壳质量较差。

（1）豆荚、豆皮 粗蛋白质5%~10%、无氮浸出物42%~50%，适于喂牛。大豆皮（大豆加工中分离出的种皮）营养成分约为粗纤维38%、粗蛋白12%、净能7.49兆焦/千克，几乎不含木质素，故消化率高，对于反刍家畜其营养价值相当于玉米等谷物。

（2）谷类皮壳 包括小麦壳、大麦壳、高粱壳、稻壳、谷壳等。营养价值低于豆荚。稻壳的营养价值最差。

（3）棉籽壳 含粗蛋白质为4.0%~4.3%、粗纤维41%~50%、消化能8.66兆焦/千克、无氮浸出物34%~43%。棉籽壳虽然含棉酚0.01%，但对成年牛影响不大。喂小牛时最好喂1周更换其他粗饲料1周，以防棉酚中毒。

四、能量饲料

能量饲料是指干物质中粗纤维含量在18%以下，粗蛋白质含量在20%以下，消化能在10.46兆焦/千克以上的饲料，是牛能量的主要来源。主要包括谷实类及其加工副产品（糠麸类）、薯粉类和糖蜜等。

（一）谷实类饲料

谷实类饲料大多是禾本科植物成熟的种子，包括玉米、小麦、大麦、高粱、燕麦和稻谷等。其主要特点是：可利用能量高，适口性好，消化率高；粗蛋白质含量低，一般平均在10%左右，难以满足肉牛蛋白质需要；矿物质含量不平衡，钙低磷高，钙、磷比例不当；维生素含量不平衡，一般含维生素B_1、烟酸和维生素E丰富，维生素A、维生素D含量低，不能满足牛的需要。

1. 玉米

玉米被称为"饲料之王"，其特点是可利用能量高，亚油酸含量较高。蛋白质含量低（9%左右）。黄玉米中叶黄素含量丰富，平均为22毫克/千克。钙、磷均少，且比例不合适，是一种养分不平衡的高能饲料。玉米用量可占肉牛混合料的60%左右。压片玉米较制粒喂牛效

图3-8　玉米脱离

果好，粗粉比细粉效果好。高油玉米，油含量比普通玉米高100%～140%；蛋白质和氨基酸、胡萝卜素等也高于普通玉米，饲喂牛效果好。高赖氨酸玉米对牛效果不甚明显。图3-8为玉米脱离。

2. 小麦

在我国某些地区，小麦的价格比玉米便宜很多，可用小麦充作饲料。与玉米相比，小麦能量较低，粗脂肪含量仅1.8%，但蛋白质含量较高，达到12.1%以上，必需氨基酸的含量也较高。所含B族维生素及维生素E较多，维生素A、维生素D、维生素C、维生素K则较少。小麦的过瘤胃蛋白较玉米、高粱低，肉牛饲料中的用量以不超过50%为宜，并以粗粉和压片效果最佳，不能整粒饲喂或粉碎得过细。

3. 大麦

带壳为"草大麦"，不带壳为"裸大麦"。带壳的大麦，即通常所说的大麦，它的代谢能水平较低，但适口性很好，因含粗纤维5%左右，可促进动物肠道的蠕动，使消化机能正常，是牛的好饲料。蛋白质含量高于玉米，约10.8%，品质亦好；维生素含量一般偏低，不含胡萝卜素。裸大麦代谢能水平高于草大麦，但比玉米子实低得多，而蛋白质含量高。喂前最好压扁或粗粉，但不要磨细。

4. 高粱

能量仅次于玉米，蛋白质含量略高于玉米。高粱在瘤胃中的降解率低，但因含有单宁，适口性差，并且喂牛易引起便秘。用量一般不超过日粮的

20%。与玉米配合使用效果增强，可提高饲料的利用率。喂前最好压碎。

5. 燕麦

总的营养价值低于玉米，但蛋白质含量较高，约 11%；粗纤维含量较高 10%～13%，能量较低；富含B族维生素，脂溶性维生素和矿物质较少，钙少磷多。燕麦是牛的极好饲料，喂前应适当粉碎。

（二）糠麸类饲料

是谷实类饲料的加工副产品，主要包括小麦麸皮和稻糠以及其他糠麸。其共同的特点是除无氮浸出物含量（40%～62%）较少外，其他各种养分含量均较其原料高。粗蛋白质15%左右；有效能值低，为谷实类饲料的一半。含钙少而磷多，含有丰富的B族维生素，而胡萝卜素及维生素E含量较少。

1. 麸皮

其营养价值因麦类品种和出粉率的高低而变化。粗纤维含量较高，属于低能饲料。麸皮质地蓬松，适口性较好，是牛良好的饲料，具有轻泻作用，母牛产后喂以适量的麸皮粥，可以调养消化道的机能。

2. 米糠

米糠为去壳稻粒（糙米）制成精米时分离出的副产品，由果皮、种皮、糊粉层及胚组成。米糠的有效营养变化较大，随含壳量的增加而降低。粗脂肪含量高，易在微生物及酶的作用下发生酸败。为使米糠便于保存，可经脱脂生产米糠饼。经榨油后的米糠饼脂肪和维生素减少，其他营养成分基本被保留下来。肉牛日粮用量可达20%，脱脂米糠用量可达30%。

3. 其他糠麸

主要包括玉米糠、高粱糠和小米糠。其中，以小米糠的营养价值最高。高粱糠的消化能和代谢能较高，但因含有单宁，适口性差，易引起便秘，应限制使用。

（三）薯粉类饲料

薯粉类主要包括甘薯、马铃薯、木薯等。按干物质中的营养价值来考虑，属于能量饲料。

1. 甘薯

干物质中无氮浸出物占80%，其中主要是淀粉，粗纤维含量少，热能低于玉米，粗蛋白质含量3.8%左右，钙含量低，多汁味甜，适口性好，生熟均可饲喂。在平衡蛋白质和其他养分后，可取代牛日粮中能量来源的50%。甘薯如有黑斑病，含毒性酮，会使牛导致喘气病，严重者甚至死亡。

2. 马铃薯

含干物质18%～26%，每3.5～4.0千克相当于1千克谷物，干物质中4/5为淀粉，易消化。缺乏钙、磷和胡萝卜素，每日每头牛最高喂量20千克，与蛋白质饲料、谷实饲料混喂效果较好。马铃薯储存不当发芽时，在其青绿皮上、芽眼及芽中含有龙葵素，采食过量会导致牛中毒。当马铃薯发芽时，一定要清除皮和芽，并进行蒸煮处理，蒸煮用的水不能用于喂牛。

（四）糖蜜

按原料不同，可分为甘蔗糖蜜、甜菜糖蜜、柑橘糖蜜及淀粉糖蜜，其主要成分为糖类，蛋白质含量较低，矿物质含量较高，维生素低，水分高，能值低，具有轻泻作用。肉牛用量宜占日粮5%～10%。

五、蛋白质饲料

指干物质中粗纤维含量在18%以下，粗蛋白质含量为20%以上的饲料。由于反刍动物禁用动物蛋白饲料，因此，对于肉牛主要包括植物性蛋白质饲料、单细胞蛋白质饲料、非蛋白氮饲料等。

（一）植物性蛋白质饲料

1. 饼粕类饲料

压榨法制油的副产品称为饼，溶剂浸提法制油后的副产品称为粕。

（1）大豆饼（粕） 粗蛋白质含量为38%～47%，且品质较好，尤其是赖氨酸含量，是饼粕类饲料最高者，但蛋氨酸不足。大豆饼粕可替代犊牛代乳料

图3-9 大豆粕（蛋白质饲料）

中部分脱脂乳，并对各类牛均有良好的生产效果（图3-9）。

（2）棉籽饼（粕） 由于棉籽脱壳程度及制油方法不同，营养价值差异

很大。粗蛋白质含量16%~44%，粗纤维含量10%~20%，因此，有效能值低于大豆饼（粕）。棉籽饼（粕）蛋白质的品质不太理想，精氨酸含量高，而赖氨酸含量只有大豆饼粕的一半，蛋氨酸也不足。棉籽饼中含有游离棉酚，长期大量饲喂会引起中毒。牛如果摄取过量（日喂8千克以上）或食用时间过长，会导致中毒。犊牛日粮中一般不超过20%，种公牛日粮不超过30%。在短期强度育肥架子牛日粮中棉籽饼可占到精料的60%（图3-10）。

图3-10　棉籽饼（粕）

（3）花生饼（粕）　其营养价值较高，但氨基酸组成不好，赖氨酸含量只有大豆饼（粕）的一半，蛋氨酸含量也较低，花生饼（粕）的营养成分随含壳量的多少而有差异，带壳的花生饼（粕）粗纤维含量为20%~25%，粗蛋白质及有效能相对较低。由于花生饼（粕）极易感染黄曲霉，产生黄曲霉毒素，因此，犊牛期间禁止饲喂。

（4）菜籽饼（粕）　有效能较低，适口性较差。粗蛋白质含量34%~38%，矿物质中钙和磷的含量均高，特别是硒含量达1.0毫克/千克，是常用植物性饲料中最高者。菜籽饼（粕）中含有硫葡萄糖苷、芥酸等毒素。在肉牛日粮中要限量并与其他饼（粕）搭配使用。

另外，还有胡麻饼（粕）、芝麻饼（粕）、葵花籽饼（粕）、玉米胚芽饼（图3-11）等都可以作为肉牛蛋白质补充料。

图3-11 玉米胚芽饼

2.其他加工副产品

（1）玉米蛋白粉 由于加工方法及条件不同，蛋白质的含量为25%～60%。蛋白质的利用率较高，氨基酸的组成特点是蛋氨酸含量高而赖氨酸不足，含有很高的类胡萝卜素。由于其比重大，应与其他体积大的饲料搭配使用。由于玉米蛋白粉蛋白质瘤胃降解率较低，是常用的非降解蛋白补充料，但不如保护豆粕的效果好，可能是其蛋白质品质较差。

（2）豆腐渣、酱油渣及粉渣 多为豆科籽实类加工副产品，豆腐渣干物质中粗蛋白质的含量在20%以上，粗纤维较高。维生素缺乏，消化率也较低。酱油渣一般含有一定的食盐，饲用时要注意盐的平衡。这类饲料水分含量高，一般不宜存放过久，否则极易被霉菌及腐败菌污染变质。

（3）酒糟 酒糟的营养价值高低因原料的种类不同而异。好的粮食酒糟和大麦啤酒糟要比薯类酒糟营养价值高2倍左右。酒糟含有丰富的蛋白质（19%～30%）、粗脂肪和丰富的B族维生素，是牛的一种廉价饲料。酒糟中含有一些残留的酒精，对妊娠母牛不宜多喂，用量5%～7%。

（4）甜菜渣、甜菜颗粒粕 甜菜渣是肉牛良好的多汁饲料，对母畜还有催乳作用。其主要成分为可溶性无氮物，而蛋白质和脂肪很少，含钙极多、含磷少，适口性强，含粗纤维较多。新鲜甜菜渣含水量约占85%，不能长期贮存，可干燥后贮存。干甜菜渣体积大，有软便性，主要成分是无氮浸出物和粗纤维，粗蛋白质占9.6%。

甜菜颗粒粕，是利用甜菜干粕进一步经过加工制成的。其营养成分和使用价值与甜菜干粕相同，但更便于包装运输和管理。自20世纪80年代以来，我国甜菜颗粒粕的生产发展较快，年产量已达到10多万吨。目前国内的甜菜制糖厂大多配有甜菜颗粒粕生产线。由于甜菜干粕碳水化合物含量、淀粉值和可消化养分总量高，故可作精饲料。且因蛋白质少，发热量高，与高蛋白的精饲料及粗饲料一起使用可调节营养平衡，其味道甘美，是养牛业的理想饲料。使用时应先加水浸泡，否则易引起牲畜腹胀（图3-12）。

图3-12　甜菜颗粒粕

（二）单细胞蛋白质饲料

主要包括酵母、真菌及藻类。以饲料酵母最具有代表性，饲料酵母含蛋白质高（40%～60%），生物学价值较高，脂肪低，粗纤维、灰分含量取决于酵母来源。B族维生素含量丰富，矿物质中钙低而磷、钾含量高。酵母在日粮中可添加2%～5%，最大用量一般不超过10%。

市场上销售的"饲料酵母"大多数是固态发酵生产的，确切一点讲，应称为"含酵母饲料"，这是以玉米蛋白粉等植物蛋白饲料作培养基，经接种酵母菌发酵而成，这种产品中真正的酵母菌体蛋白含量很低，大多数蛋白仍然以植物蛋白形式存在，其蛋白品质较差，使用时应与饲料酵母加以区别。

（三）非蛋白氮饲料

一般指通过化学合成的尿素、缩二脲、铵盐等。牛瘤胃中的微生物可利用这些非蛋白氮合成微生物蛋白，和天然蛋白质一样被宿主消化利用。

尿素含氮46%左右，其蛋白质含量相当于288%，按含氮量计1千克含氮为46%的尿素相当于6.8千克含粗蛋白质42%的豆粕。但尿素的溶解度很高，在瘤胃中很快转化为氨，尿素饲喂不当会引起致命性的中毒。因此使用尿素喂牛时应注意以下几点。

1. 尿素的用量应逐渐增加，应有2周以上的适应期。

2. 只能在6月龄以上的牛日粮中使用尿素，因为6月龄以下时瘤胃尚未发育完全。

3. 和淀粉多的精料混匀一起饲喂，尿素不宜单喂，应与其他精料搭配使用，也可调制成尿素溶液喷洒或浸泡粗饲料，或调制成尿素青贮料，或制成尿素颗粒料、尿素精料砖等。

4. 不可与生大豆或含脲酶高的大豆粕同时使用。

5. 尿素应与谷物或青贮料混喂。禁止将尿素溶于水中饮用，喂尿素1小时后再给牛饮水。

6. 尿素的用量一般不超过日粮干物质的1%，或每100千克体重15～20克。

近年来，为降低尿素在瘤胃中的分解速度，改善尿素氮转化为微生物氮的效率，防止牛尿素中毒，研制出了许多新型非蛋白氮饲料，如糊化淀粉尿素、异丁基二脲、磷酸脲、羟甲基尿素等。

六、矿物质饲料

矿物质饲料一般指为牛提供食盐、钙源、磷源及微量元素的饲料。

食盐的主要成分是氯化钠，用其补充植物性饲料中钠和氯的不足，还具有调味的作用，可以提高饲料的适口性，增加食欲。食盐制成盐砖更适合放牧牛舔食。肉牛喂量为精料的1%左右。图3-13为畜牧专用盐，图3-14为矿物质舔砖。

图3-13　畜牧专用盐

图3-14　矿物质舔砖

石粉是廉价的钙源，含钙量为38%左右。是补充钙营养的最廉价的矿物质饲料。

磷酸氢钙、磷酸二氢钙、磷酸钙（磷酸三钙）是常用的无机磷饲料。肉牛禁用骨粉和肉骨粉等动物饲料。

沸石可在肉牛精料混合料中添加4%～6%，能吸附胃肠道有害气体，并将吸附的铵离子缓慢释放，供牛体合成菌体蛋白，提高牛对饲料养分的利用率，为牛提供多种微量元素。

七、维生素饲料

维生素饲料指为牛提供各种维生素类的饲料，包括工业合成提纯的单一维生素和复合维生素。

肉牛有发达的瘤胃，其中的微生物可以合成维生素K和B族维生素，肝、肾中可合成维生素C，一般除犊牛外，不需额外添加。只考虑维生素A、维生素D、维生素E。维生素A乙酸酯（20万国际单位/克）添加量为每千克日粮干物质14毫克。维生素D_3微粒（1万国际单位/克）添加量为每千克日粮干物质27.5毫克。维生素E粉（20万国际单位/克）添加量为每千克日粮干物质0.38～3毫克。

八、饲料添加剂

饲料添加剂是指在配合饲料中加入的各种微量成分，包括营养性添加剂和非营养性添加剂。添加剂其作用是完善饲料的营养性，提高饲料的利用率，促进肉牛的生长和预防疾病，减少饲料在储存期间的营养损失，改善产品品质。为了生产无公害牛肉，所使用的饲料添加剂的种类和添加的量必须按中华人民共和国农业部公告——第105号和《饲料药物添加剂使用规范》农牧发〔2001〕20号文件和《中华人民共和国农业部公告——农业部已批准使用的饲料添加剂》执行。

（一）肉牛营养性添加剂

1. 微量元素添加剂

主要是补充饲粮中微量元素的不足。铁、铜、锌、锰、碘、硒、钴等都是牛必需的营养元素，应根据饲料中的含量适宜添加硫酸铜、硫酸亚铁、硫酸锌、硫酸锰、碘化钾、亚硒酸钠、氯化钴等。

2. 维生素添加剂

成年牛的瘤胃微生物可以合成维生素K和B族维生素，肝、肾中可合成维生素C，一般除犊牛外，不需额外添加，而脂溶性维生素如维生素A、维生素D、维生素E要由日粮供给，考虑适量添加。

3. 氨基酸添加剂

正常情况下成年牛不需添加必需氨基酸，但犊牛应在饲料中供给必需氨基酸，快速生长的肉牛在饲料中添加过瘤胃保护氨基酸，可使生产性能得到改善。近年来研究证明，快速育肥肉牛除瘤胃自身合成的部分氨基酸外，日粮中还需一定数量的氨基酸。一般在瘤胃微生物合成的微生物蛋白中蛋氨酸较缺乏，为牛的限制性氨基酸。人工合成作为添加剂使用的主要是赖氨酸和蛋氨酸等。日本普遍使用过瘤胃蛋氨酸，效果显著。

（二）肉牛非营养性添加剂

合理调控瘤胃发酵，对提高肉牛的生产性能，改善饲料利用率十分重要。瘤胃发酵调控剂包括脲酶抑制剂、瘤胃代谢控制剂、瘤胃缓冲剂等。

1. 脲酶抑制剂

脲酶抑制剂是一类能够调控瘤胃微生物脲酶活性，从而控制瘤胃中氨的释放速度，达到提高尿素等利用率的一类添加剂。

①磷酸钠：李建国等研究证实适宜的磷酸钠水平，具有抑制脲酶活性的作用，用永久性瘤胃瘘管绵羊进行测定，适宜的磷酸钠水平，可使瘤胃内氨氮浓度降低20.7%，微生物蛋白产量提高48.9%，磷酸钠是一种来源广泛、价格低廉的脲酶抑制剂，使用时只要和尿素一起均匀拌入精料中即可。

②氧肟酸盐：是国内外认为最有效的一类脲酶抑制剂，需经化学方法合成，工艺较复杂，虽然效果好，但成本高。

2. 瘤胃代谢控制剂

瘤胃代谢控制剂可以增加瘤胃内能量转化率较高的丙酸的产量，减少甲烷气体的生成引起的能量损失，减少蛋白质在瘤胃中降解脱氨损失，增加瘤胃蛋白数量。提高干物质和能量表观消化率。减少瘤胃中乳酸的生成和积累，维持瘤胃正常pH值，防止乳酸中毒；作为离子载体，促进细胞内外离子交换，增加对磷、镁及某些微量元素在体内沉积。通过以上途径提高肉牛的增重和饲料利用效率。主要包括聚醚类抗生素——莫能菌素、卤代化合物、二芳基碘化学品等。

3. 瘤胃缓冲剂

对于肉牛，要获取较高的生产性能，必须供给其较多的精料。但精料量增多，粗饲料减少，会形成过多的酸性产物。另外，大量饲喂青贮饲料，也会造成瘤胃酸度过高，影响牛的食欲，瘤胃pH值下降，并使瘤胃微生物区系被抑制，对饲料消化能力减弱，在高精料日粮和大量饲喂青贮时适当添加缓冲剂，可以增加瘤胃内碱性蓄积，改变瘤胃发酵，增强食欲，提高养分消化率，防止酸中毒。

比较理想的缓冲剂首推碳酸氢钠（小苏打），其次是氧化镁。实践证明，以上缓冲剂以合适的比例混合共用，效果更好。

（三）抗生素添加剂

由于抗生素饲料添加剂会干扰成年牛瘤胃微生物，一般不在成年牛中使用，只应用于犊牛。犊牛常用的抗生素添加剂有以下几种。

1. 杆菌肽

以杆菌肽锌应用最为广泛，其功能为：能抑制病原菌的细胞壁形成，影响其蛋白质合成和某些有害的功能，从而杀灭病原菌；能使肠壁变薄，从而有利于营养吸收；能够预防疾病（如下痢、肠炎等），并能将因病原菌引起碱性磷酸酶降低的浓度恢复到正常水平，使牛正常生长发育，对虚弱犊牛作用更为明显。

使用量：3月龄以内犊牛每吨饲料添加10～100克（42万～420万效价U），3～6月龄犊牛每吨饲料添加4～40克。

2. 硫酸黏杆菌素

又称抗敌素、多黏菌素E，作为饲料添加剂使用时，可促进生长和提高饲料利用率，对沙门氏菌、大肠杆菌、绿脓杆菌等引起的菌痢具有良好的防治作用。但大量使用可导致肾中毒。

3. 喹乙醇

喹乙醇抗菌谱广，尤其是对大肠杆菌、变形杆菌、沙门氏菌等有显著的抑制效果，能抑制有害菌，保护有益菌，对腹泻有极好的治疗效果，并具有促进动物体蛋白同化作用，能提高饲料氮利用率，从而促进生长，提高饲料转化率。据试验，对育成牛日增重提高15%左右，饲料报酬提高10%左右。添加量每吨饲料50～80克。

（四）益生素添加剂

又称活菌制剂或微生物制剂。是一种在实验室条件下培养的细菌，用来解决由于应激、疾病或者使用抗生素而引起的肠道内微生物平衡失调。其产品有两大特点：一是包含活的微生物；二是通过在口腔、胃肠道、上呼吸道或泌尿生殖道内发挥作用而改善肉牛的健康（图3-15）。

图3-15　益生素添加剂

　　目前，用于生产益生素的菌种主要有：乳酸杆菌属、粪链球菌属、芽孢杆菌属和酵母菌属等。我国1994年批准使用的益生菌有6种：芽孢杆菌、乳酸杆菌、粪链球菌、酵母菌、黑曲菌、米曲菌。牛则偏重于真菌、酵母类，并以曲霉菌效果较好。

　　（五）酶制剂

　　酶是活细胞产生的具有特殊催化能力的蛋白质，是促进生物化学反应的高效物质。现在工业酶制剂主要是采用微生物发酵法从细菌、真菌、酵母菌等微生物中提取的，目前批准使用的酶制剂有12种：蛋白酶、淀粉酶、支链淀粉酶、果胶酶、脂肪酶、纤维素酶、麦芽糖酶、木聚糖酶、葡聚糖酶、甘露聚糖酶、植酸酶和葡萄糖氧化酶。

第二节　肉牛饲料加工调制技术

一、精饲料的加工调制技术

　　精饲料的加工调制主要目的是便于牛的咀嚼和反刍，为合理和均匀搭配饲料提供方便。适当的调制还可以提高养分的利用率。

　　（一）粉碎与压扁

　　精饲料最常用的加工方法是粉碎，可以为合理和均匀的搭配饲料提供方便，但用于肉牛日粮不宜过细。粗粉与细粉相比，粗粉可提高适口性，提高牛唾液分泌量，增加反刍，一般筛孔通常选用3～6毫米。将谷物用蒸汽加热到120℃左右，再用压扁机压成厚1毫米的薄片，迅速干燥。由于压扁饲料中的淀粉经加热糊化，用于饲喂牛，消化率明显提高（图3-16）。

图3-16　饲料加工机组

（二）浸泡

豆类、油饼类、谷物等饲料经浸泡，吸收水分，膨胀柔软，容易咀嚼，便于消化。如豆饼、棉子饼等相当坚硬，不经浸泡很难嚼碎。

浸泡方法：用池子或缸等容器把饲料用水拌匀，一般料水比为1：（1～1.5），即手握指缝渗出水滴为准，不需任何温度条件。有些饲料中含有单宁、棉酚等有毒物质，并带有异味，浸泡后毒素、异味均可减轻，从而提高适口性。浸泡的时间应根据季节和饲料种类的不同而异，以免引起饲料变质。

（三）肉牛饲料的过瘤胃保护技术

强度育肥的肉牛补充过瘤胃保护蛋白质、过瘤胃淀粉和脂肪都能提高生产性能。

1. 热处理

加热可降低饲料蛋白质的降解率，但过度加热也会降低蛋白质的消化率，引起一些氨基酸、维生素的损失，应加热适度。一般认为，140℃左右烘焙4小时或130～145℃火烤2分钟较宜。周明等（1996）研究表明，加热以150℃、45分钟最好。

膨化技术多用于全脂大豆的处理，取得了理想效果。

2. 化学处理

（1）甲醛处理　甲醛可与蛋白质分子的氨基、羟基、硫氢基发生烷基化反应而使其变性，免于瘤胃微生物降解。处理方法：饼粕经2.5毫米筛孔粉碎，然后每100克粗蛋白质称取0.6～0.7克甲醛溶液（36%），用水稀释20倍后喷雾与饼粕混合均匀，然后用塑料薄膜密封24小时后打开薄膜，自然风干。

（2）锌处理 锌盐可以沉淀部分蛋白质，从而降低饲料蛋白质在瘤胃的降解。处理方法：硫酸锌溶解在水里，其比例为豆粕：水：硫酸锌=1：2：0.03，拌匀后放置2～3小时，50～60℃烘干。

（3）鞣酸处理 用1%的鞣酸均匀地喷洒在蛋白质饲料上，混合后烘干。

（4）过瘤胃保护脂肪 许多研究表明，直接添加脂肪对反刍动物效果不好，脂肪在瘤胃中干扰微生物的活动，降低纤维消化率，影响生产性能的提高，所以添加的脂肪采取某种方法保护起来，形成过瘤胃保护脂肪。最常见的是脂肪酸钙产品。

（四）糊化淀粉尿素

将粉碎的高淀粉谷物饲料（玉米、高粱）70%～80%与尿素15%～25%混合后，通过糊化机，在一定的温度、湿度和压力下进行糊化，从而降低氨的释放速度，可代替牛日粮中25%～35%的粗蛋白。糊化淀粉尿素的粗蛋白含量60%～70%。每千克糊化淀粉尿素的粗蛋白质含量相当于棉籽饼的2倍、豆饼的1.6倍，且成本低廉价格便宜。

二、青干草的调制技术

青干草是养牛的优质粗饲料，系指田间杂草、人工种植以及野生牧草或其他各类青绿饲料作物在未结籽实之前，刈割后干制而成的饲料。因而其质量优于农作物秸秆。制作青干草的目的与制作青贮饲料基本相同，主要是为了保存青饲料的营养成分，便于随时取用，满足草食动物的各种营养需要。但青饲料晒制干草后，除维生素D增加外，其他多数养分都比青贮有较多的损失。合理调制的干草，干物质损失量较小，成绿色、叶多、气味浓香，具有良好的适口性和较高的营养价值。科学调制的青干草，含有较多的蛋白质，氨基酸比较齐全，富含胡萝卜素、维生素D、维生素E及矿物质，粗纤维的消化率也较高，是一种营养价值比较完全的基础饲料。无论对犊牛、繁殖母牛、肥育牛、成母牛以及各类牛群都是一种理想的粗饲料。干草的粗纤维含量一般较高，为20%～30%；所含能量为玉米的30%～50%；粗蛋白含量，豆科干草为12%～20%，禾本科干草一般为7%～10%；钙含量，豆科干草如苜蓿为1.2%～1.9%，而禾本科干草约为0.4%。谷物类秸秆包括谷草的营养价值

低于豆科干草及大部分禾本科干草。

干草是肉牛的主要粗饲料，肉牛单一采食优质青干草就能满足其生长发育的需求。所以，科学调制青干草对养牛生产十分重要，图3-17为优质苜蓿干草。

图3-17　优质苜蓿干草

适合调制干草的作物有豆科牧草（苜蓿、红豆草、小冠花等）、禾本科牧草（狗尾草、羊草及四边杂草等）、各类茎叶（大麦、燕麦等在茎叶青绿时刈割）。收割时要注意适时，一般选在开花期，这时单位面积产量高，营养好，也有利于青草或青绿作物下一茬生长。过早收割，干物质产量低；过迟收割，调制成的干草品质差。

（一）干草的制作方法

调制干草的方法较多，先进的手段是烘干脱水法，需要设备投资较高。目前经济实用的主要有地面干燥法、草架干燥法和发酵干燥法。

1. 地面干燥法

青草或青绿饲料作物刈割后，先在草场就地铺开晾晒，同时适当翻动，加速水分蒸发。一般早上割的草，傍晚叶凋萎。在含水分40%~50%时，用耙子把草搂成松散的草垄或集成1米左右高的小堆，保持草堆的松散通风，待其逐渐风干。这样，一方面可减少营养破坏，同时，在草堆内会产生发酵作用，使干草产生香味。根据当地气候情况，雨天要遮盖，好天气可以倒堆翻晒。当青草晒至抓一把容易拧成紧实而柔韧的草辫，不断裂，也不出水（含水量为20%左右）时，即可将草运至牛舍附近，堆成1 000千克左右的大草堆，边继续风干，边利用。

2. 草架干燥法

利用树干、独木架、木制长架、活动或固定干草架等调制干草。用草架晾晒干草，脱水速度快，干草品质好。一般把刈割后的青草先晾晒一天，使其凋萎，待含水量50%左右，然后将草上架干燥，放草时由下而上逐层堆放，或打成直径15厘米左右的小捆，草的顶端朝里，堆成圆锥形或屋脊形，堆草应蓬松，厚度不超过70～80厘米。离地面30厘米左右，堆中留有通道，以利空气流通。架堆外层要平整，有一定坡度，便于排水。

3. 发酵干燥法

发酵干燥法干燥牧草营养物质损失较多，故只在连续阴雨天气的季节采用。将刈割的牧草在地面铺晒，使新鲜牧草凋萎，当水分减少至50%时，再分层堆积高3～6米，逐层压实，表层用塑料膜或土覆盖，使牧草迅速发热。待堆内温度上升到60～70℃，打开草堆，随着发酵产生热量的蒸散，可在短时间内风干或晒干，制得棕色干草，具酸香味，如遇阴雨天无法晾晒，可以堆放1～2个月，类似青贮原理。为防止发酵过度，每层牧草可撒青草重0.5%～1.0%的食盐。

(二) 干草的贮藏与管理

当调制的干草水分降至15%～16%时，就能进行贮藏。这时的草成束紧握时，发出沙沙响声和破裂声，将草束搓成或弯曲两圈时草茎折断，松开后拧成的草辫几乎全部散开。叶片干而卷曲，茎上表皮用指甲几乎不能剥下，这时的干草适于堆垛贮藏，草棚贮草见图3-18所示。

图3-18 草棚贮草

可采用露天贮藏和草棚堆垛贮藏两种保存方法。

1. 垛址选择

地势平坦高燥，排水良好，距牛场较近，取用方便，背风或宽边与主风向垂直。

2. 垛底的准备

垛底用木头或树枝、秸秆等垫起铺平，高出地面30～50厘米。在垛的四周挖排水沟，深20～30厘米，底宽20厘米，沟口宽40厘米。

3. 垛形和大小

草垛分圆形和方形（长方形）两种。方形草垛一般宽4.5～5米，高6～6.5米，长8～10米。这种草垛暴露面积小，贮存过程养分损失少，取喂、遮盖方便；圆形草垛一般直径4～5米，高6～6.5米。这种草垛暴露面积较大，贮藏过程养分损失相对多一些。可根据场地确定堆形，但不论采用哪种堆形，其外形均应由下向上逐渐扩大，顶部时又逐渐收缩成圆顶，形成下狭、中大、上圆的形状。

4. 堆垛、封顶

含水量较多的干草，应放在草垛的顶部，过湿或结块变质的排出。垛的中央要比四周高一些，中间用力踩实，四周边缘尽量整齐。待草垛堆到全高的1/3～1/2处时，开始收顶。从垛底到开始收顶处应逐渐放宽，约1米（每侧加宽0.5米）。草垛顶部用干草或麦秸覆盖，并逐层铺平，不能有凹陷和裂缝。以免漏进雨、雪。草垛的顶脊用草绳或泥土压坚固，以防大风吹刮及雨雪渗入。

草棚堆垛能避雨雪，潮湿和阳光直射，条件较好的场户，最好是建造简易的干草棚。草棚存放干草时，应使干草与地面、屋顶保持一定距离，便于通风散热。

为了防止优质青干草在堆贮过程中由于含水量过高而引起的发霉变质，可向干草中掺入1%～2.5%的丙酸，也可向其中加入一定量的液态氨。液态氨不仅是一种有效的防腐剂，而且可以增加干草中氨的含量，提高牧草粗蛋白含量。

对草垛要注意管理，四周最好围上围栏，并挖防畜沟，打防火道。干草堆垛后2～3周，多易发生塌顶现象，对塌陷处要及时补平。另外要防止干草过度发酵而自燃。干草中含水量若在17.5%以上时常起发酵作用，产生热量而使草垛内部温度升高，一般可达45～55℃。若超过这一温度，应及早采取措施进行散热，否则垛内温度继续升高，严重时会出现自燃现象，应特别注意。随着机械化的发展，为便于青干草贮存与运输，目前多采用打捆的形式保存和运输青干草。青干草打捆如图3-19所示。

（a）青干草打捆机　　　　　　　　　（b）青干草打捆保存

图3-19　青干草打捆

（三）干草的品质鉴定

随着专业化生产的发展，青干草作为商品流通愈来愈加广泛，对其品质的鉴定就显得尤为重要。同时，正确地鉴定干草的品质，又是合理利用干草的先决条件。优良干草的特点：草色青绿、叶片丰富、质地较柔软，气味芳香，适口性好，并含有较多的蛋白质和矿物质。评定干草的品质，许多国家都制定有统一的标准，并由特许的检验员来执行。干草品质的好坏，最终决定于家畜的自由采食量和营养价值的高低。但生产实践证明，干草的植物学组成、颜色、气味、含叶量的多少等外观征状，与适口性及营养价值存在着密切的关系，在生产应用上，通常根据干草的外观特征，评定干草的饲用价值。其量化评定标准可参照表3-1。

表3-1　干草评分表

评定内容		各类干草评定分值		
		豆科干草	禾本科干草	混合干草
含叶量	豆科大于40%	25	—	15
颜色气味	深绿无异味	25	30	25
柔软性	成熟早期收获	15	30	20
杂质	干净无杂质	15	20	20
加工过程	损失量小	20	20	20
总计		100	100	100

三、秸秆微贮饲料加工技术

秸秆微贮饲料就是在粉碎、揉碎或铡碎的作物秸秆中加入秸秆发酵活干菌，放入密封的容器（如水泥池、塑料袋等）内，经一定的发酵过程，使农作物秸秆变成具有酸香味、草食家畜喜食的饲料。微贮饲料具有易消化、适口性好、制作方便、成本低廉等特点。是污染少、效率高、利于工业化生产的重要加工存贮方法之一，塑料袋贮草如图3-20所示。

图3-20　塑料袋贮草

（一）制作微贮饲料的技术要点和步骤

1. 微贮设施的准备

微贮可用水泥池、土窖，也可用塑料袋。水泥池是用水泥、黄沙、砖为原料在地下砌成的长方形池子，最好砌成几个相同大小的，以便交替使用。这种池子的优点是不易进气进水，密封性好，经久耐用，成功率高。土窖的优点是：土窖成本低，方法简单，贮量大，但要选择地势高、土质硬、向阳干燥、排水容易、地下水位低的地方。在地下水位高的地方，不宜采用。水泥池和土窖的大小根据需要量设计建设。深度以2～3米为宜。

2. 菌种复活

将秸秆发酵活干菌铝箔袋剪开，把菌种倒入0.25千克水中，充分溶解。有条件的情况下，可在水中加糖20克（不能多加），溶解后，再加入活干菌，这样可以提高复活率，保证微贮饲料质量。然后在常温下放置1～2小时使菌种复活，成为复活好的菌种，现用现配，配好的菌剂一定当天用完。秸秆发酵活干菌见图3-21。

3. 菌液的配制

将复活好的菌剂倒入充分溶解的1%食盐水中拌匀。食盐水及菌液量根据秸秆的种类而定，1 000千克稻、麦秸秆加3克活干菌、12千克食盐、1 200升水；1 000千克黄玉米秸加3克活干菌、8千克食盐、800升水；1 000千克青玉米秸加1.5克活干菌，水适量，不加食盐（表3-2）。

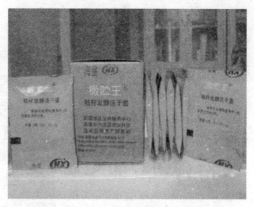

图3-21 秸秆发酵活干菌

表3-2 菌种的配制

微贮秸秆的种类	秸秆重量（千克）	活干菌用量（克）	食盐用量（千克）	自来水用量（升）	贮料含水量（%）
麦秸或稻草	1 000	3.0	9~12	1 200~1 400	60~70
黄玉米秸秆	1 000	3.0	6~8	800~1 000	60~70
青玉米秸秆	1 000	1.5		适量	60~70

4. 秸秆切短

用于微贮的秸秆以粉碎或揉搓加工为好，不具备揉搓条件者，切段长度不得超过3厘米，这样便于压实和提高微贮窖的利用率及保证微贮料制作质量。玉米秸秆铡切见图3-22。

5. 喷洒菌液

将切短的秸秆铺在窖底，厚20~25厘米，均匀

图3-22 玉米秸秆铡切

喷洒菌液，压实后，再铺20~25厘米秸秆，再喷洒菌液，压实，直至高于窖口50厘米以上，最后用塑料布封口。分层压实的目的是为了迅速排出秸秆空隙中存留的空气，给发酵菌繁殖造成厌氧条件。如果当天装填窖没装

满，可盖上塑料薄膜，第二
天装窖时揭开塑料薄膜继续
装填（图3-23）。

微贮后的秸秆含水率要求
达到60%～65%。由于这些秸
秆本身含水率很低，需要补充
兑有菌剂的水分。可配备一套
由水箱、水泵、水管和喷头组
成的喷洒设备。水箱的容积以

图3-23　菌液喷洒

1 000～2 000升为宜，水泵最
好选潜水电泵，水管选用软管。小规模生产，可用喷壶直接喷洒。

青玉米秸微贮，因本身含水率较高（一般在70%左右），微贮时不需补
充过多的水分，只要求将配备好的菌剂水溶液均匀地喷洒在贮料上。可用小
型背式或杠杆式喷雾器喷洒。

6. 加入辅料

为进一步提高微贮料的营养价值，实践中常在制作微贮过程中，根据自
已具备的条件，加入5‰的玉米粉、麸皮或大麦粉，为菌种的繁殖提供一定的
营养物质，以提高微贮料的质量。加大麦粉或玉米粉、麸皮时，铺一层秸秆
撒一层粉，再喷洒一次菌液。

7. 贮料水分控制与检查

微贮饲料的含水量是否合适，是决定微贮饲料好坏的重要条件之一。
因此在喷洒和压实过程中，要随时检查秸秆的含水量是否合适，各处是否均
匀一致，特别要注意层与层之间水分的衔接，不要出现夹干层。含水量的检
查方法：抓取秸秆试样，用双手扭拧，若有水往下滴，其含水量约为80%以
上；若无水滴、松开后看到手上水分很明显，约为60%；若手上有水分（反
光），为50%～55%；感到手上潮湿，为40%～45%；不潮湿则在40%以下。
微贮饲料含水量要求在60%～65%最为理想。

8. 严格密封

当秸秆分层压实到高出窖口50厘米以上时，在充分压实后，再在最上

面一层均匀洒上食盐粉，再压实后盖上塑料薄膜。食盐的用量为250克/平方米，其目的是确保微贮饲料上部不发生霉坏变质。盖上塑料薄膜后，在上面撒20～30厘米厚的秸秆，覆土15～20厘米，密封。密封的目的是为了隔绝空气与秸秆接触，保证微贮窖内呈厌氧状态。

9. 维护管理

秸秆微贮后，窖池内贮料会慢慢下沉，应及时加盖土，使之高出地面，并在周围挖好排水沟，以防雨水渗入。

10. 开窖取用

一般经过30天发酵后，即可揭封取用。取料时从一角开始，从上到下逐渐取用。要随取随用，取料后应把口盖严。尽量避免与空气接触，以防二次发酵和变质。

秸秆微贮成败的关键就在于压实、密封以及根据饲喂动物的种类和数量来决定微贮设施的大小。

碾压紧实是关系到成败的重要一环，密封不好，微贮秸秆上部会霉烂变质，造成浪费。窖的大小以制作一窖微贮饲料，动物可在1～2个月内吃完为宜。如常年使用，可建2～3个微贮窖，以便交替使用。开窖后，按时用完。

（二）秸秆微贮饲料质量的鉴别

封窖30天左右可完成发酵过程。可根据微贮饲料的外部特征，用看、嗅和手感的方法鉴定微贮饲料的好坏。

1. 看

优质微贮青玉米秸色泽呈橄榄绿，稻、麦秸呈金黄褐色。如果变成褐色或墨绿色则质量低劣。

2. 嗅

优质秸秆微贮饲料具有醇香味和果香气味，并具有弱酸味。若有强酸味，表明醋酸较多，这是由于水分过多和高温发酵所造成；若有腐臭味，发霉味，则不能饲喂。这是由于压实程度不够和密封不严，由有害微生物发酵所造成的。

3. 手感

优质微贮饲料拿到手里感到很松散，且质地柔软湿润。若拿到手里发

黏，或者粘在一块，说明贮料开始霉烂；有的虽然松散，但干燥粗硬，也属于不良饲料。

（三）饲喂方法

微贮饲料可以作为肉牛的主要粗饲料，饲喂时可以与其他草料搭配，也可以与精料同喂。开始时，肉牛对微贮有一个适应过程，应循序渐进，逐步增加微贮饲料的饲喂量。喂微贮料的肉牛，补喂的精饲料中不需要再加食盐。微贮饲料的日喂量，一般每头肉牛每天应控制在5~12千克，并搭配其他草料饲喂。

四、氨化秸秆饲料制作技术

秸秆氨化的主要作用在于破坏秸秆类粗饲料纤维素与木质素之间的紧密结合，使纤维素与木质素分离，达到被草食动物消化吸收的目的。同时，氨化可有效地增加秸秆饲料的粗蛋白质含量，实践证明，秸秆类粗饲料氨化后消化率可提高20%左右，采食量也相应提高20%左右。氨化后秸秆的粗蛋白质含量提高1~1.5倍，其适口性和牛的采食速度也会得到改善和提高，总营养价值可提高1倍以上，达到0.4~0.5个饲料单位。在集约化或规模肉牛养殖场，每头肉牛每天喂4~6千克氨化秸秆，3~4千克精饲料，可获得1~1.2千克的日增重。因而氨化处理可以作为反刍动物生产中粗饲料的主要加工形式。

（一）氨化饲料的适宜氨源及其用量

实践中氨化处理秸秆的主要氨化剂有液氨、氨水、碳氨和尿素等。硝铵不能作氨化剂，因硝酸在瘤胃微生物的作用下，会产生亚硝酸盐，导致动物中毒。各种氨化剂的含氮量不同，因而使用量不同（表3-3），在氨化前首先要根据氨化秸秆的数量，备制适量的氨化剂。

表3-3　氨化秸秆的氨化剂及用量

氨化剂	尿素 $CO(NH_2)_2$	氨水（NH_3-H_2O）浓度（%）				液氨 （NH_3）	碳氨 （NH_4HCO_3）
		25	22.5	20	17.5		
用量（占风干重%）	3~5	12	13	15	17	3~5	4~6

用尿素作氨化剂时，先将尿素溶于少量的温水中，再将尿素溶液倒入用于调整秸秆含水量的水中，然后再均匀地喷洒到秸秆上。这样既使秸秆氨化均匀，又可避免局部尿素含量偏高所造成的尿素中毒。

用氨水做氨化剂时，盛放氨水必须有专门的容器（设备），运输时要使用专用运输车，以防发生意外。氨水的用量因浓度变化而不同，所以购买氨水时要根据氨化秸秆的数量和氨水的浓度确定购买量。氨化时，要将氨水中所含的水计入秸秆氨化时的适宜含水量之中。如氨化100千克小麦秸，需加25%的氨水12千克，小麦秸原始含水量为10%，氨化时适宜含水量为35%，假设应向小麦秸中加水x千克，其计算式应为：

$$（100 \times 10\% + x + 12 \times 75\%）\div（100 + x + 12）= 35\%$$

解方程得：$x = 29.46$（千克）

无水氨或液氨是制造尿素和碳铵的中间产物，且有毒，生产中很少应用。

碳铵一般用量为4%～6%，若超过6%，会增加秸秆的咸苦味，影响适口性。应用碳铵氨化秸秆的成本低于尿素，但氨化效果不如尿素。碳铵易挥发，所以操作时必须迅速。加碳铵的方法如下。

① 以液体形式加入：将碳铵加入用于调整秸秆含水量的水中溶解，均匀地撒到秸秆上，然后迅速密封；

② 以固体形式加入：碳铵不用水溶解，直接分层撒入秸秆中，层与层间距为0.5米，使碳铵逐渐挥发而发生氨化作用。

（二）影响氨化效果的因素

影响氨化效果的因素主要有温度、处理时间、秸秆水分、氨化剂及用量、秸秆种类等。

1. 温度

氨水和无水氨处理秸秆要求较高的温度，温度越高，氨化速度越快，氨化效果越好。液氨注入秸秆垛后，温度上升很快，在2～6小时就达到最高峰。温度的上升取决于开始的温度、氨的剂量、水分含量和其他因素，但一般为40～60℃。最高温度在草垛的顶部，1～2周后下降到接近周围的温度。周围的温度对氨化起重要作用。所以，氨化时间应选择在秸秆收割后不久气温相对较高的时候进行。但尿素处理秸秆温度不宜过高，故夏日尿素处理秸秆应在隐蔽条件下进行。

2. 时间

氨化时间的长短要依据气温而定。气温越高，完成氨化所需要的时间越短；相反，氨化时气温越低，氨化所需时间就越长（表3-4）。

表3-4　气温与氨化时间的关系

氨化时气温（℃）	<5	5~10	10~20	20~30	>30
氨化所需时间（天）	>56	28~56	14~28	7~14	5~7

尿素处理还有一个分解成氨的过程，一般比氨水处理延长5~7天。因为尿素首先在脲酶的作用下，水解释放氨的时间约需5天，当然脲酶作用的时间与温度高低有关，温度高，脲酶作用的时间短。只有释放出氨后，才能真正起到氨化的作用。

（3）秸秆水分　水是氨的"载体"，氨与水结合成氢氧化铵（NH_4OH），其中，NH_4^+和OH^-分别对提高秸秆的含氮量和消化率起作用。因而，必须有适当的水分，一般以25%~35%为宜。含水量过低，水都吸附在秸秆中，没有足够的水充当氨的"载体"，氨化效果差；含水量过高，不但因开窖后需延长晾晒时间，而且因氨的浓度降低会引起秸秆发霉变质。再者，秸秆含水量过高则影响氨化效果（表3-5）。

表3-5　不同含水量小麦秸秆的氨化效果

处理指标	氨化秸秆含水量						未氨化秸秆含水10%
	20%	25%	30%	35%	40%	50%	
粗蛋白质（%）	9.50	10.15	10.33	12.19	11.29	11.15	4.27
中性洗涤纤维（%）	64.30	63.87	62.50	62.00	64.24	65.35	66.00
开窖后期霉变情况	64.30	无	无	无	略有发霉	发霉	无

含水量是否适宜，是决定秸秆氨化饲料制作质量乃至成败的重要条件。秸秆含水量是指在单位秸秆重量中，含水分的重量占单位秸秆重量的百分比。处理前秸秆的重量，是秸秆干物质重量加秸秆中自然保持水分的重量之和，这时秸秆的含水量，是自然保留水分的重量占处理前秸秆重量的百分比，这个百分比也叫做自然含水量。处理后秸秆的重量，是处理前重量加处理时加水的重量之和，则这时秸秆的含水量，是自然含水量的重量及加水重

量之和占处理后秸秆重量的百分比，这个百分比也就是要达到的含水量。一般秸秆的含水量为10%~15%，进行氨化时不足的部分加水调整。加水时可将水均匀地喷洒在秸秆上，然后装入氨化设施中；也可在装窖时撒入，由下向上逐渐增多，以免上层过干，下层积水。

（4）被处理秸秆的类型　目前，适用于氨化处理的原料秸秆主要是禾本科作物的秸秆，如麦秸（小麦秸、大麦秸、燕麦秸）、玉米秸、高粱秸、谷、黍秸及老芒麦秸等。所选用的秸秆必须是没有发霉变质，最好是将收获籽实后的秸秆及时进行氨化处理，以免堆积时间过长而发霉变质。也可根据利用时间确定制作氨化秸秆的时间。秸秆的原来品质直接影响到氨化效果。影响秸秆品质的因素很多，如种、品种、栽培的地区和季节、施肥量、收获时的成熟度、收割高度、贮存时间等。一般来说，原来品质差的秸秆，氨化后可明显提高消化率，增加非蛋白氮的含量。

（三）氨化方法

秸秆氨化方法可遵循因地制宜、就地取材、经济实用的原则。目前国内外流行的是堆垛氨化法、塑料袋氨化法和窖贮氨化法。旱农区一般地下水位低，土层厚，采用氨化池进行秸秆氨化经济实用。以尿素为氨化剂，其氨化方法与工艺流程（图3-24）简述如下。

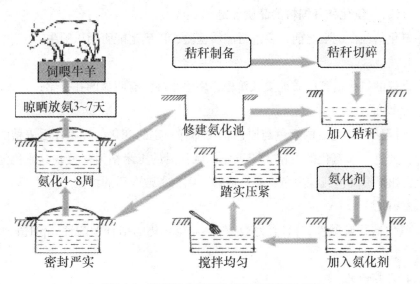

图3-24　秸秆氨化饲料生产工艺流程示意图

1. 原料处理

先将优质干燥秸秆切成2～3厘米碎段，含水量控制在10%以下，粗硬的秸秆如玉米秸最好用揉搓机揉碎。

2. 氨贮容器准备

可制作氨贮窖（与青贮窖基本相同）、氨贮袋（与青贮袋相同）、氨化坑（池）及密封用塑料薄膜等；

3. 氨源配制

将尿素配成6%～10%的水溶液，秸秆很干燥时采用6%的尿素溶液；反之，尿素的浓度要高一些。为了加速尿素的溶解，可用40℃的温水溶解尿素。为提高氨化秸秆的适口性，最好采用0.5%的食盐水配制尿素溶液。

4. 均匀混合

将配制好的尿素溶液和切碎或揉碎的氨化原料搅拌均匀。每100千克秸秆喷洒尿素水溶液30～40千克。根据秸秆含水量和尿素的浓度而定。使尿素含量为每100千克秸秆中为2～4千克。边喷洒边搅拌，使秸秆与尿素均匀混合；尿素溶液喷洒的均匀度是保证秸秆氨化饲料质量的关键。

5. 密封腐熟

把搅拌好的氨化饲料放入氨化池（不透气的水泥窖）内，压实密封。密封方法与青贮相同。夏季10天，春秋季半个月，冬季30～45天即可腐熟使用。

（四）氨化秸秆饲料的品质鉴定

氨化秸秆在饲喂之前，要进行品质检验，以确定能否用以喂牛。

1. 质地

良好的氨化秸秆应质地柔软蓬松，用手紧握没有明显的扎手感；

2. 颜色

不同秸秆氨化后的颜色与原色相比都有一定的变化。经氨化后麦秸的颜色为杏黄色，未氨化的麦秸为灰黄色；氨化后的玉米秸为褐色，其原色为黄褐色，如果呈黑色或棕黑色，黏结成块，则为霉败变质的特征。

3. pH值

氨化秸秆偏碱性，pH值为8左右；未经氨化的秸秆偏酸性，pH值为5.7左右。

4. 发霉情况

一般氨化秸秆不易发霉，因加入的氨具有防霉杀菌作用。有时，氨化设备封口处的氨化秸秆有局部发霉现象，但内部的秸秆晾晒放氨后仍可饲喂牛、羊。

5. 气味

一般成功的氨化秸秆有糊香味和刺鼻的氨味。氨化玉米秸的气味略有不同，既具有青贮的酸香味，又具有刺鼻的氨味。

（五）氨化秸秆的利用

氨化设备开封后，经品质鉴定合格的氨化秸秆，需放氨2～5天，消除氨味后，方可饲用。放氨时，应将刚取出的秸秆放置在远离牛舍和住所的地方，以免释放出的氨气刺激人畜的呼吸道而影响人的健康和牛的食欲。若秸秆湿度较小，天气寒冷，通风时间应稍长，应为3～7天，以确保饲用安全。取喂时，应将每天计划饲喂数量的氨化秸秆于饲喂前2～5天取出放氨，其余的再封闭起来，以防放氨后含水量仍很高的氨化秸秆在短期内饲喂不完而发霉变质。氨化秸秆饲喂肉牛，应由少到多，少给勤添。刚开始饲喂时，可与谷草、青干草等搭配，7天后便可全部饲喂氨化秸秆。应用氨化秸秆为主要粗饲料时，可适当搭配一些含碳水化合物较高的精饲料，并配合一定数量的矿物质和青贮饲料饲喂，以便充分发挥氨化秸秆的作用，提高利用率。如果发现动物产生轻微中毒现象，可及时灌服食醋500～1 000毫升解毒。

五、秸秆饲料的喂前加工调制

在不具备秸秆青（黄）贮、氨化、微贮条件的小型养牛户，为节约资源、提高效率，可采用下列方法对秸秆饲料进行喂前加工。

（一）铡短

各种秸秆和干草饲喂前都应切短。粗饲料特别是秸秆类饲料，切短后便于牛的采食和咀嚼，减少饲料浪费，利于同精料混合拌喂（俗称拌草），增进适口性，增大采食量。俗话说："寸草切三刀，无料也上膘"就是讲粗饲料切短的好处。

（二）去杂

农作物秸秆及农副产品，在提取籽实过程中，已经过多次加工，难免混入一些对牛有害的杂物，诸如土石碎块、塑料制品及铁丝、铁钉等。在饲喂前一定要筛选、去杂。动物进食过多的杂物，会造成消化紊乱，特别是铁钉等锐器，会刺伤胃壁，导致网胃心包炎，危及生命。

（三）浸泡、发酵

将切短后的秸秆和秕壳经水淘洗或洒水湿润后，拌入精料（俗称拌草），饲喂肉牛，效果较好。浸泡方法适用于一些粗硬的秸秆饲料，"拌草"适用于一些适口性较差的秸秆，如麦秸、麦衣（种子外壳）等。粗饲料经水浸泡后，质地变得柔软，部分粗饲料还会产生一定香味，有利于提高适口性和提高进食量。饲草发酵见图3-25。

图3-25　发酵饲草

（四）秸秆碾青

秸秆碾青，即把青刈饲草作物与干秸秆混合后，利用机械进行碾压，使青刈饲草的汁液挤出而被秸秆吸收。一方面可加快青刈饲草的干燥速度，另一方面可改善秸秆饲料的营养价值和适口性，一举多得。是我国劳动人民在长期的生产实践中创造的饲料加工方法之一。在我国地方良种牛产区，具有种植紫花苜蓿的传统，而当地盛产小麦，小麦秸成为牛的主要粗饲料，由于小麦秸适口性差，因而发明了碾青技术，俗称碾尖草或麦秸染青。具体做法是：先将麦秸（或大麦秸）切碎平摊在打麦场上，把刚收割的新鲜牧草（紫花苜蓿等）经铡切后均匀地摊在麦秸上，青草上面再撒上少量麦秸，然后用石磙进行充分碾压。待青草茎叶压扁，汁液流出而被麦秸吸收后，倒翻晾晒，干燥贮存备用。这一方法不仅能提高麦秸的营养价值和适口性，而且可使青草快速干燥，减少在晾晒过程中维生素和可消化营养物质的损失。是经济实用的饲草加工方法。在机械化发达的当今，亦可把青刈作物与秸秆混合后采用机械碾压或利用揉搓机械揉搓，不论是制作干草，还是就地饲用，此法均可借鉴。

六、青贮饲料制作技术

1.贮前的准备

（1）青贮窖准备　选择或建造相应容量的青贮容器。若用旧窖（壕），则应事先进行清扫、补平。

（2）机械准备　铡草机、收割装运机械、装好电源，并准备好密封用塑料布等。

2. 制作步骤与方法

要制作良好的青（黄）贮饲料，必须切实掌握好收割、运输、铡短、装实、封严几个环节。

（1）及时收获青贮原料，及时进行青贮加工　铡切时间要快捷，原料收割后，立即运往青贮地点进行切铡，做到随运、随切、随装窖。有条件的养殖场可采用青贮联合收获机械，收获、铡切一步完成（图3-26和图3-27）。

图3-26　青贮玉米收获运送

图3-27　青贮铡切、填窖

（2）装窖与压紧　装窖前应打扫干净窖底与四周，若用简易土窖贮青，则在窖的底部和四周铺上塑料布防止漏水透气。逐层装入，每层15～20厘米，装一层，踩实一层，边装边踩实。大型窖可用拖拉机镇压，装入一层，碾压一层。直到高出窖口0.5～1米。秸秆黄贮在装填过程中要注意调整原料的水分含量。青贮饲料的镇压见图3-28。

第三章　肉牛饲草料生产加工

（3）密封严实 青贮饲料装满（一般应高出窖口50～100厘米）以后，上面要用厚塑料布封顶，四周要封严。防止漏气和雨水渗入。在塑料布的外面用10厘米左右的泥土压实。同时要经常检查，如发现下沉、裂缝，要及时加土填实。要严防漏气漏水。

图3-28　青贮饲料的镇压

现代肉牛场多用较厚的型料布封顶后，采用废旧轮胎压实，而不用复土，干净卫生，又可重复利用，效果较好（图3-29和图3-30）。

图3-29　青贮封存

图3-30　旧轮胎压窖

3. 青贮饲料的品质评定

青（黄）贮饲料的品质评定分感官鉴定和实验室鉴定，实验室鉴定需要一定的仪器设备，除特殊情况外，一般只进行观感鉴定。即从色、香、味和质地等几个方面评定青（黄）贮饲料的品质（图3-31）。

图3-31　青贮品质评定

（1）颜色 因原料与调制方法不同而有差异。青（黄）贮料的颜色越近似于原料颜色，质量越好。品质良好的青贮料，颜色呈黄绿色；黄褐色或褐绿色次之；褐色或黑色为劣等。

（2）气味　正常青贮料有一种酸香味，以略带水果香味着为佳。凡有刺鼻的酸味，则表示含醋酸较多，品质次之；霉烂腐败并带有丁酸（臭）味者为劣等，不宜饲用。换言之，酸而喜闻者为上等；酸而刺鼻者为中等；臭而难闻着为劣等。

（3）质地　品质良好的青贮料，在窖里非常紧实，拿到手里却松散柔软，略带潮湿，不粘手，茎、叶、花仍能辨认清楚。若结成一团发黏，分不清原有结构或过于干硬，均为劣等青贮料。

总之制作良好的青贮料，应该是色、香、味和质地俱佳，即颜色黄绿、柔软多汁、气味酸香，适口性好。玉米秸秆青贮则带有很浓的酒香味。玉米青贮质量鉴定等级列于表3-6。

表3-6　玉米青贮品质鉴定指标表

等级	色泽	酸度	气味	质地	结构	饲用建议
上等	黄绿色、绿色	酸味较多	芳香味浓厚	柔软稍湿润	茎叶分离、原结构明显	大量饲用
中等	黄褐色、黑绿色	酸味中等	略有芳香味	柔软而过湿或干燥	茎叶分离困难、原结构不明显	安全饲用
下等	黑色、褐色	酸味较少	具有醋酸臭味	干燥或黏结块	茎叶黏结、具有污染	选择饲用

随着市场经济的发展，玉米秸秆青贮饲料逐步走向商品化，在市场交易过程中，其品质与价格正相关，对其品质评定要求数量化，因而农业部制定了青贮饲料品质综合评定的百分标准，列于表3-7。

表3-7　青贮玉米秸秆质量评分表

项目	pH值	水分	气味	色泽	质地
总分值	25	20	25	20	10
优等 72~100	3.4（25）3.5（23）3.6（21）3.7（19）3.8（18）	70%（20）71%（19）72%（18）73%（17）74%（16）75%（14）	苷酸香味（25~18）	黄亮色（20~14）	松散、微软、不粘手（10~8）

（续表）

项目	pH值	水分	气味	色泽	质地
良好 39~67	3.9（17）4.0（14） 4.1（10）	76%（13）77% （12）78%（11） 79%（10）80% （8）	淡酸味 （17~9）	褐黄色 （13~8）	中间 （7~4）
一般 31~5	4.2（8）4.3（7） 4.4（5）4.5（4） 4.6（3）4.7（1）	81%（7）82%（6） 83%（5）84%（3） 85%（1）	刺鼻酒酸味 （6~1）	中间 （7~1）	略带黏性 （3~1）
劣等 0	4.8（0）	85%以上（0）	腐败味、霉 烂味（0）	暗褐色 （0）	发黏结块 （0）

优质青贮秸秆饲料应是颜色黄、暗绿或褐黄色，柔软多汁、表面无黏液、气味酸香、果酸或酒香味，适口性好。青贮饲料表层变质时有发生，如腐败、霉烂、发黏、结块等，为劣质青贮料，应及时取出废弃，以免引起家畜中毒或其他疾病。

4. 青贮饲料的利用

（1）取用 青（黄）贮饲料装窖密封 一般经过6~7周的发酵过程，便可开窖取用饲喂。如果暂时不需用，则不要开封，什么时候用，什么时候开。取用时，应以"暴露面最少以及尽量少搅动"为原则。长方形青贮窖只能打开一头，要分段开窖，逐层取用。取料后要盖好（图3-32和图3-33），以防止日晒、雨淋和二次发酵，避免养分流失、质量下降或发霉变质。发霉、发黏、发黑及结块的不能饲用。

图3-32 青贮饲料的取用

青贮饲料在空气中容易变质，一般要求随用随取，一经取出，便尽快饲喂。伴随机械化的发展，现多用青贮取料机械进行取料，使青贮饲料的取料面小、整齐、既节省人力，又有利于青贮品质的维护，青贮饲料的机械取用见图3-33。

（2）喂量　青（黄）贮饲料的用量，应视动物的种类、年龄、用途和青贮饲料的质量而定。除高产奶牛外，一般情况可作为唯一的粗饲料使用。开始饲喂青贮料时，要由少到多，逐渐增加，给动物一个适应过程。习惯后，再逐渐增加喂量。通常日喂量为：奶牛20～30千克、肉牛10～20

图3-33　青贮饲料取用

千克（或小母牛每100千克体重日喂2.5～3.0千克、公牛每100千克体重日喂1.5～2.0千克、育肥肉牛每100千克体重日喂4～5千克）、种公牛5～10千克。青贮饲料具有轻泻性，妊娠母牛可适当减少喂量。饲喂青贮饲料后，要将饲槽打扫干净，以免残留物产生异味。

青贮饲料的营养差异很大。一般青贮玉米的钙、磷含量不能满足育成牛的需要，应适当补充。而与豆科牧草特别是紫花苜蓿混贮，钙、磷基本可以满足。秸秆黄贮，营养成分含量较低，需要适当搭配其他饲料成分，以维护动物健康以及满足动物生长和生产的需要。

第四章　肉牛饲养管理技术

第一节　犊牛的饲养管理

按照习惯，以6月龄作为分界线，6月龄以前的牛称为犊牛。

加强犊牛的培育和饲养管理是提高牛群质量、保证全活全壮、扩大肉牛养殖效益的重要环节。

30日龄以内的犊牛应以母乳为营养来源，饲养好母牛，保证母牛乳汁多、质量好，犊牛生长发育必然就好。犊牛生长发育快，单位体重的营养需要比成年高。其饲养管理要点如下。

一、初生期护理

1. 消除新生犊牛体表黏液

犊牛娩出后，要尽快擦除鼻腔及体表黏液，一般正常分娩，母牛会及时舔去犊牛身上的黏液，这一行为活动具有刺激犊牛呼吸和加强血液循环的作用。而特殊情况下，则需用清洁毛巾擦除黏液。避免犊牛受凉受冻，尤其要注意及时去除犊牛口鼻中的黏液，防止呼吸受阻。若已造成呼吸困难，要尽快使其倒挂，并拍打胸部，使黏液流出，呼吸畅通。

2. 断脐与脐带处理

通常情况下，随着犊牛的娩出，脐带会自然扯断。出现脐带未扯断或断口过长时，要用消毒剪刀在距腹部6～8厘米处剪断脐带，将脐带中残留的血液和黏液挤净，采用5%～10%碘酊药液浸泡消毒2～3分钟。但不要将药液灌入脐带内，以免因脐孔周围组织充血、肿胀而继发脐炎。断脐不要结扎，以自然干枯脱落为好。

另外，剥去犊牛软蹄。犊牛想站立时，应帮助其站稳。

二、及早哺食初乳

初乳是指母牛分娩后7日龄内分泌的乳汁。初乳的营养丰富，尤其是蛋白质、矿物质和维生素A的含量比常乳高。在蛋白质中含有大量的免疫球蛋白，对增强犊牛的抗病力具有重要作用。初乳中镁盐较多，有助于犊牛排出胎粪。初乳中还含有溶菌酶，具有杀灭各种病菌功能，同时，初乳进入胃肠具有代替胃肠壁黏膜作用，阻止细菌进入血液。初乳也能促进胃肠机能的早期活动，分泌大量的消化酶。从犊牛本身来讲，初生牛犊胃肠道对母体原型抗体的通透性在生后很快开始下降，约在18小时就几乎丧失殆尽。在此期间如不能吃到足够的初乳，对犊牛的健康就会造成严重的威胁。犊牛出生后应在0.5～2.0小时内吃上初乳，方法是在犊牛能够自行站立时，让其接近母牛后躯，采食母乳。对个别体弱的犊牛可采取人工辅助，挤几滴母乳于洁净手指上，让犊牛吸吮其手指，而后引导到乳头助其吮奶。为保证犊牛哺乳充分，应给予母牛充分的营养（图4-1）。

图4-1　犊牛随母哺乳

肉牛多采用自然哺乳的方式。自然哺乳即犊牛随母吮乳。一般是在母牛分娩后，犊牛直接哺食母乳，同时进行必要的补饲。一般在生后2个月以内，母牛的泌乳量基本可满足犊牛生长发育的营养需要，2个月以后母牛的泌乳量逐渐下降，而犊牛的营养需要却逐渐增加。自然哺乳时应注意观察犊牛哺乳时的表现，当犊牛哺乳频繁地顶撞母牛乳房，而吞咽次数不多，说明母牛奶量减少，犊牛吃不饱，要加大补饲量。

三、及早补饲草料

从1周龄开始，在牛栏的草架内添入优质干草（如豆科青干草等），训练犊牛自由采食，以促进瘤网胃发育。

青绿多汁饲料如胡萝卜、甜菜等，在20日龄时开始补喂，以促进消化器官的发育。补饲开始时每天先喂20克，以后逐渐增加补喂量，到2月龄时可增加到1～1.5千克，3月龄为2～3千克。

青贮料可在2月龄开始饲喂，每天100～150克，3月龄时1.5～2.0千克，4～6月龄时4～5千克。应保证青贮料品质优良，防止用酸败、变质及冰冻青贮料喂犊牛，以免下痢。

生后10～15天开始训练犊牛采食精料，初喂时可将少许牛奶洒在精料上，或与调味品一起做成粥状，或制成糖化料，涂擦犊牛口鼻，诱其舐食。开始时日喂干粉料10～20克，到1月龄时，每天可采食150～300克，2月龄时可日采食到500～700克，3月龄时可日采食到750～1000克，犊牛料的营养成分对犊牛生长发育非常重要，可结合本地条件，确定配方和喂量。常用的犊牛补饲料配方举例如下：

配方一：玉米27%、燕麦20%、小麦麸10%、豆饼20%、亚麻籽饼10%、酵母粉10%、维生素矿物质3%。

配方二：玉米50%、豆饼30%、小麦麸12%、酵母粉5%、碳酸钙1%、食盐1%、磷酸氢钙1%（对于90日龄前的犊牛每吨料内加入50克多种维生素）。

配方三：玉米50%、小麦麸15%、豆饼15%、棉粕13%、酵母粉3%、磷酸氢钙2%、食盐1%、微量元素、维生素、氨基酸复合添加剂1%。

四、犊牛管理

1. 犊牛管理要做到"三勤"

犊牛的管理要做到"三勤"，即勤打扫，勤换垫草，勤观察。并做到三观察，即"喂奶时观察食欲、运动时观察精神、扫地时观察粪便"。健康犊牛一般表现为机灵、眼睛明亮、耳朵竖立、被毛闪光，否则就有生病的可能。特别是患肠炎的犊牛常常表现为眼睛下陷、耳朵垂下、皮肤包紧、腹部卷缩、后躯粪便污染；患肺炎的犊牛常表现为耳朵垂下、伸颈张口、眼角有异样分泌物（图4-2）。其次注意观察粪便的颜色和黏稠度及肛门周围和后躯有无脱毛现象，脱毛可能是营养失调而导致腹泻污染后躯而引起。另外，还应观察脐口，如果脐口发热肿胀，可能患有急性脐带感染，还可能引起败血症。

图4-2　犊牛单栏饲养

2. 犊牛管理要做到"三净"

犊牛管理的"三净"即饲料净、畜体净和工具净。

（1）饲料净　是指牛饲料不能有发霉变质和冻结冰块现象，不能含有铁丝、铁钉、牛毛、粪便等杂质。商品配合料超过保存期禁用，自制混合料要现喂现配。夏天气温高时，饲料拌水后放置时间不宜过长。

（2）畜体净　就是保证犊牛不被污泥浊水和粪便等污染，减少疾病发生。坚持每天1～2次刷拭牛体，促进牛体健康和皮肤发育，减少体内外寄生虫病。刷拭时可用软毛刷，必要时辅以硬质刷子，但用劲宜轻，以免损伤皮肤。冬天牛床和运动场上要铺放麦秸、稻（麦）壳或锯末等褥草垫物。夏季运动场宜干燥、遮阳，并且通风良好。

（3）工具净　是指喂奶和喂料工具要讲究卫生。随母哺乳，要观察哺乳前乳头的卫生状况。如果乳头被污泥粪便沾污或用具脏，极易引起犊牛下痢、消化不良、臌气等病症。特别是阴雨季节，母牛乳房、乳头易被粪水污泥沾污，必要时，要进行清洗。每次用完的奶具、补料槽、饮水槽等一定要洗刷干净，保持清洁。

3. 犊牛补料要做到四看

（1）看食槽　牛犊没吃净食槽内的饲料就抬头慢慢走开，说明喂料量过多；如食槽底和壁上只留下像地图一样的料渣舔迹，说明喂料量适中；如果槽内被舔得干干净净，说明喂料量不足。

（2）看粪便　牛犊排粪量日渐增多，粪条比吃纯奶时质粗稍稠，说明喂料量正常。随着喂料量的增加，牛犊排粪时间形成新的规律，多在每天早、晚两次喂料前排便。粪块呈无数团块融在一起的叠痕，像成年牛牛粪一样油光发亮但发软。如果牛犊排出的粪便形状如粥样，说明喂料过量，如果牛犊排出的粪便像泔水一样稀，并且臀部粘有湿粪，说明喂料量太大，或料水太凉。要及时调整，确保犊牛代谢正常。

（3）看食相　牛犊对固定的喂食时间10多天就可形成条件反射，每天一到喂食时间，牛犊就跑过来寻食，说明喂食正常。如果牛犊吃净食料后，向饲养员徘徊张望，不肯离去，说明喂料不足。喂料时，牛犊不愿到槽前来，饲养员呼唤也不理会，说明上次喂料过多或有其他问题。

（4）看肚腹　喂食时如果牛犊腹陷很明显，不肯到槽前吃食，说明牛犊可能受凉感冒，或患了伤食症。如果牛犊腹陷很明显，食欲反应也强烈，但到食槽前只是闻闻，一会儿就走开，这说明饲料变换太大不适口，或料水温度过高过低。如果牛犊肚腹膨大，不吃食说明上次吃食过量，可停喂一次或限制采食量。

4. 犊牛断奶

肉牛业上实行早期断奶主要是为了缩短母牛产后的发情间隔时间的需要；据李英等报道，犊牛产后 50～60天强行断奶，母牛的产后发情时间平均为（69 ±7）天，比犊牛未早期断奶的哺乳母牛产后发情时间（98 ±24.6）天提前了29天。可见，对犊牛实行早期断奶是缩短母牛产后发情间隔时间简便而有效的手段。对于生产小牛肉，早期断奶时间一般建议为 2～3 月龄。

自然哺乳的母牛在断奶前 1 周即停喂精料，只给粗料和干草、秸秆等。使其泌乳量减少。然后把母、犊分离到各自牛舍，不再哺乳。断奶第 1 周，母、犊可能互相呼叫，应进行分舍饲养管理或拴系饲养，不让互相接触。

5. 犊牛的一般管理

（1）防止舔癖　防止舔癖，犊牛与母牛要分栏饲养，定时放出哺乳，犊牛最好单栏饲养，其次犊牛每次喂奶完毕，应将犊牛口鼻部残奶擦净。对于已形成舔癖的犊牛，可在鼻梁前套一小木板来纠正。犊牛要有适度的运动，随母在牛舍附近牧场放牧，放牧时适当放慢行进速度，保证休息时间。

（2）做好定期消毒　冬季每月至少进行一次消毒，夏季每10 天 一次，用苛性钠、石灰水或来苏尔对地面、墙壁、栏杆、饲槽、草架全面彻底消毒。

如发生传染病或有死畜现象，必须对其所接触的环境及用具做临时突击消毒。

（3）称重和编号　称重应按育种和实际生产的需要进行，一般在初生、6月龄、周岁、第1次配种前应予以称重。在犊牛称重的同时，还应进行编号，编号应以易于识别和结实牢固为标准。生产上应用比较广泛的是耳标法，耳标有金属的和塑料的，先在金属耳标或塑料耳标上打上号码或用不褪色的色笔写上号码，然后固定在牛的耳朵上。同时要把各种信息登记在册，形成永久档案。

（4）犊牛调教　对犊牛从小调教，使之养成温顺的性格，无论对于育种工作，还是成年后的饲养管理与利用都很有利。对牛进行调教，首先要求管理人员要以温和的态度对待牛，经常抚摸牛，刷拭牛体，测量体温、脉搏，日子久了，就能养成犊牛温顺的性格。

（5）去角　一般在生后的5～7天进行。去角的方法如下。

①固体苛性钠法：先剪去角基部的毛，然后在外周用凡士林涂一圈，以防药液流出，伤及头部或眼睛。然后用苛性钠在剪毛处涂抹，面积1.6平方厘米左右，至表皮有微量血液渗出为止。应注意的是正在哺乳的犊牛，施行去角手术4～5小时后才能接近母牛，进行哺乳，以防苛性钠腐蚀母牛乳房及皮肤。这种方法是通过苛性钠破坏生角细胞的生长，达到去角之目的。实践中应用效果较好。

②电烙器去角法：将专用电烙器加热到一定温度后，牢牢地按压在角基部直到其角周围下部组织为古铜色为止。一般烫烙时间15～20秒。烙烫后涂以青霉素软膏以防烫烙口感染（图4-3）。

图4-3　犊牛去角电烙器

（6）去势　如果是专门生产小白牛肉，公犊牛在没有出现性特征之前就可以达到市场收购体重。因此，就不需要对牛进行阉割。进行成牛育肥生产，一般小公牛3～4月龄去势。阉牛生长速度比公牛慢15%～20%，而脂肪沉积增加，肉质量得到改善，适于生产高档牛肉。阉割的方法有手术法、去势钳、锤砸法和注射法等。

第二节　生长牛的饲养管理

生长牛即从断奶到肥育前的牛，对粗饲料的利用率较高。生长牛饲养以降低成本为主要目标，生长牛的饲养方式可采用放牧或舍饲等多种方式。

一、放牧饲养

放牧方式成本最低，牛体质最好。放牧牛要解决饮水问题，每天应饮水2~3次。放牧牛群组成数量可因地制宜，水草丰盛则大，牧草稀疏则小（图4-4）。

二、舍饲管理

舍饲牛，平均每头牛占用的场地应为10~20平方米，以利

图4-4　肉牛林间放牧

于健康发育。采用散放式方法饲养，使牛自由采食粗饲料，以增加进食量。补料时，要拴住强牛，使强弱牛都能吃到一定的精饲料。8月龄以内的幼牛，应采用质量较好的日粮，粗料以青草、青贮料、青干草等为主。若喂秸秆，则要进行加工调制。精饲料喂量，随粗饲料的品质而异，一般为1.5~3.0千克。周岁以后可按成年牛的日粮饲喂。但日粮中必须含有充足的胡萝卜素或维生素A。

食盐及矿物质包括微量元素一般通过"舔砖"来解决。

第三节　育成母牛的饲养管理

育成牛指断奶后到配种前的母牛。计划留作后备牛的犊牛在4~6月龄时选出，要求生长发育好、性情温顺、省草省料而又增重快，留作本群繁殖

用。但留种用的牛不得过胖，应该具备结实的体质。

育成牛瘤胃发育迅速。随着年龄的增长，瘤胃功能日趋完善，12月龄左右接近成年水平，正确的饲养方法有助于瘤胃功能的完善。此阶段是牛的骨骼、肌肉发育最快时期，体型变化大。6～9月龄时，卵巢上出现成熟卵泡，开始发情排卵，但不能过早配种。一般在18月龄左右，体重达到成年体重的70%时配种。

为了增加消化器官的容量，促进其充分发育，育成母牛的饲料应以粗饲料和青贮料为主，精料只作蛋白质、钙、磷等的补充。

一、育成牛的饲养

1. 4～6月龄

即刚断奶的犊牛，瘤胃机能还处于正在健全阶段，而生长发育速度较快，需要相应的营养物质，有条件者可采用颗粒饲料。日粮以易消化的优质青干草和犊牛精饲料为主。可采用的日粮配方：犊牛料1.5～2千克，青干草1.4～2.5千克或青贮5～10千克。

2. 7～12月龄

为性成熟期，母牛性器官和第二性征发育很快。为了兼顾育成牛生长发育的营养需要并促进消化器官进一步发育完善，此期饲喂的粗料应选用优质青干草、青贮料，经加工处理后的农作物秸秆等可作为辅助粗饲料，少量添加，同时还必须适当补充一些精饲料。一般日粮中干物质的75%应来源于青粗饲料，25%来源于精饲料。精饲料可参考如下配方：玉米46%、小麦麸皮31%、高粱5%、大麦5%、酵母粉4%、苜蓿粉3%、食盐 2%、磷酸氢钙4%。日喂量：混合料2～2.5千克，青干草0.5～2千克，玉米青贮1.5～2.5千克，秸秆类粗饲料自由采食。

体重应达250千克。

3. 13～18月龄

一般情况下，利用好的干草、青贮料、半干青贮料就能满足母牛的营养需要，使日增重达到0.6～0.65千克，而可不喂精料或少喂精料（每头牛每日0.5～1.0千克）；但在优质青干草、多汁饲料不足和计划较高日增重的情况下，则必须每日每头牛加喂1.0～1.5千克精料混合料。混合料可参考如下配方：

①玉米41%、豆饼26%、麸皮28%、尿素1%、食盐1%、预混料3%。

②玉米33.7%、葵花饼25.3%、麸皮 26%、高粱7.5%、碳酸钙3%、磷酸氢钙2.5%、食盐2%。

③体重应达350千克。

4. 18～24月龄

进入繁殖配种期。育成牛生长速度减小，体躯显著向深宽方向发展。日粮以优质干草、青草、青贮料和多汁饲料及氨化秸秆作为基本饲料，少喂或不喂精料。而到妊娠后期，由于胎儿生长发育迅速，需要较多营养物质，每日补充2～3千克精饲料。如有放牧条件，应以放牧为主。在优质草地上放牧，精料可减少20%～40%。

二、育成牛的管理

1. 分群

育成牛断奶后根据年龄、体重情况进行分群。分群时，首先年龄和体格大小应该相近，月龄差异一般不应超过2个月，体重差异应低于30千克。

2. 穿鼻

犊牛断奶后，特别是对役肉兼用牛，在7～12月龄时应根据饲养以及将来的繁殖管理的需要适时进行穿鼻，并带上鼻环。鼻环应以不易生锈且坚固耐用的金属制成，穿鼻时应胆大心细，先将一长50～60厘米的粗铁丝的一端磨尖，将牛保定好，一只手的两个手指摸在鼻中隔的最薄处，另一只手持铁丝用力穿透即可。

3. 加强运动

在舍饲条件下，青年牛每天应至少有2小时以上的运动。母牛一般采取自由运动；在放牧的条件下，运动时间一般足够。规模场的舍饲牛，要有一定的运动场所和时间，每天至少要有4小时以上的自由运动时间，以保障健康。加强育成牛的户外运动，可使其体壮胸阔，心肺发达，食欲旺盛。如果精料过多而运动不足，容易发胖，导致育成牛体短肉厚个子小，早熟早衰，利用年限短。

4. 刷拭和调教

为了保持牛体清洁，促进皮肤代谢和养成温顺的气质，育成牛每天应

刷拭1～2次，每次5～10分钟，对青年母牛性情的培育是非常有益的（图
4-5）。

图4-5 牛体自动刷拭器

5. 制定生长计划

根据肉牛不同品种和年龄的生长发育特点及饲草、饲料供应状况，确定
不同日龄的日增重幅度，制定出生长计划，一般在初生至初配，活重应增加
10～11倍，2周岁时为12～13倍。

6. 青年母牛的初次配种

青年母牛何时初次配种，应根据母牛的年龄和发育情况而定。一般按18
月龄初配，或按达成年体重70%时才开始初配。

7. 放牧管理

采用放牧饲养时，要严格把公牛分出单放，以避免偷配而影响牛群质
量。对周岁内的小牛宜近牧或放牧于较好的草地上。冬、春季应采用舍饲。

第四节　繁殖母牛的饲养管理

受胎率和犊牛断奶重是肉牛业成功与否的两个最重要因素。繁殖母牛的
营养需要包括维持、生长、繁殖和泌乳的需要，这些需要可以由粗饲料和青
贮饲料满足。而母牛的不同生产阶段则要求相应的饲养管理条件。

一、妊娠母牛的饲养管理

孕期母牛的营养需要和胎儿生长有直接关系。妊娠前6个月胚胎生长发育

较慢，不必为母牛增加营养。对怀孕母牛保持中上等膘情即可。胎儿增重主要在妊娠的最后3个月，此期的增重占犊牛初生重的70%～80%，需要从母体吸收大量营养。同时，母牛体内需蓄积一定养分，以保证产后泌乳量。一般在母牛分娩前，至少增重45～70千克，才足以保证产犊后的正常泌乳与发情。

1. 妊娠母牛的舍饲饲养

在没有放牧条件或禁牧的地区一般采取舍饲方式。这种饲喂方式能够做到按照人的意志合理地调节喂牛的草料量，易于做到按不同的牛给予不同的饲养条件，使牛群生长发育均匀；便于给牛创造一个合理的生产环境，以抗御恶劣自然条件的影响；易于实行机械化饲养，降低工人劳动强度，大幅度地提高生产效率。缺点是由于母牛的运动量少，体质不如放牧牛健壮，疾病发生率和难产率较放牧牛高一些。

日粮按以青粗饲料为主适当搭配精饲料的原则，参照饲养标准配合日粮。粗料以麦秸、稻草、玉米秸等干秸秆为主时，必须搭配优质豆科牧草，补饲饼粕类饲料，也可以用尿素代替部分饲料蛋白。根据膘情补加混合精料1～2千克，精料配方参考如下：玉米52%、饼类20%、麸皮25%、石粉1%、食盐1%、微量元素与维生素1%（图4-6）。

图4-6　饲料混合

拴系饲养是传统的养牛方式，适合肉牛育肥，但不适合繁殖母牛，繁殖母牛应增设运动场（图4-7）。因为充足的运动可增强母牛体质，促进胎儿生长发育，并可降低难产率。

图4-7　母牛运动场自由活动

2. 妊娠母牛的放牧饲养

以放牧为主的母牛，放牧地离牛舍不应超过3 000米。青草季节应尽量延长放牧时间，一般可不补饲（图4-8）。然而由于牧草中钾含量多而钠含量少，氯也不足，必须补充食盐，以免缺钠妨碍牛的正常生理机能。缺氯会降低真胃胃酸的分

图4-8　母牛河谷放牧

泌，影响消化。因此放牧牛群必须补盐。天天补盐效果最佳，可以在饮水处设矿物舔食槽，或应用矿物质舔砖（固态矿物补添剂），地区性缺乏的矿物质（如山区缺磷、沿海缺钙、内陆缺碘，地区性缺铜、锌、铁、硒等）可按应补数量混入食盐中，最好混合制成舔砖应用，免得发生舔食过量。一般补盐量可按每100千克体重每天10克左右计算。

枯草季节，根据牧草质量和牛的营养需要确定补饲草料的种类和数量；特别是在怀孕最后的2～3个月，这时正值枯草期，应进行重点补饲，另外枯草期维生素A缺乏，注意补饲胡萝卜，每头每天补喂胡萝卜0.5～1.0千克或添加维生素A添加剂，另外日粮应满足蛋白质、能量饲料及矿物质的需要。精料补量视进食牧草等粗饲料的质量而异，通常每头每天1～2千克。精料参考配方：玉米50%、麦麸10%、豆饼30%、高粱7%、石粉2%、食盐1%、另加维生素A和微量元素。母牛产前15天停止放牧。

二、分娩母牛（即围产期）的饲养管理

产前半个月，将母牛移入产房，由专人饲养和看护，发现临产征兆，估计分娩时间，准备接产工作。母牛在分娩前1～3天，食欲低下，消化机能较弱，此时要精心调配饲料，精料最好调制成粥状，特别要保证充足的饮水。

母牛分娩后，由于大量失水，要立即喂母牛以温热、足量的麸皮盐水（麸皮1～2千克，盐100～150克，碳酸钙50～100克，温水15～20千克），可起到暖腹、充饥、增腹压的作用。同时喂给母牛优质、嫩软的干草1～2千克。

为促进子宫恢复和恶露排出，还可补给益母草温热红糖水（益母草250克，水1500克，煎成水剂后，再加红糖1千克，水3千克），每日1次，连服2～3天。

分娩后阴门松弛，躺卧时黏膜外翻易接触地面，为避免感染，地面应保持清洁，垫草要勤换。母牛的后躯阴门及尾部应用消毒液清洗，以保持清洁。加强监护，随时观察恶露排出情况，观察阴门、乳房、乳头等部位是否有损伤。每日测1～2次体温，若有升高及时查明原因进行处理。

三、哺乳期母牛的饲养管理

哺乳母牛的主要任务是多产奶，以供犊牛哺食。母牛在哺乳期所消耗的营养比妊娠后期还多，每产3千克含脂率4%的奶，约消耗1千克配合精饲料的营养物质。

舍饲饲养时，在饲喂青贮玉米或氨化秸轩保证维持需要的基础上，补喂混合精料2～3千克，并补充矿物质及维生素添加剂。

图4-9　配合精饲料生产

头胎泌乳的青年母牛除泌乳需要外，还需要继续生长，营养不足对繁殖力影响明显，所以，一定要饲喂优良的禾本科及豆科牧草，精料搭配多样化（图4-9）。在此期间，应经常刷拭牛体，促使母牛加强运动，充足饮水。

应根据体况和粗饲料的品质及供应情况确定精料喂量，一般情况下日补喂混合精料1～2千克，并补充矿物质及维生素添加剂，多供青绿多汁饲料。

精料参考配方1：玉米50%、熟豆饼（粕）10%、棉仁饼（或棉粕）5%、胡麻饼5%、花生饼3%、葵籽饼4%、麸皮20%、磷酸钙1.5%、碳酸钙0.5%、食盐0.9%、微量元素和维生素添加剂0.1%。

精料参考配方2：玉米50%、熟豆饼（粕）20%、麸皮12%、玉米蛋白10%、酵母饲料5%、磷酸钙1.6%、碳酸钙0.4%、食盐0.9%、强化微量元素与维生素添加剂0.1%。

四、干乳母牛的饲养管理

当随母牛哺乳的犊牛断奶后、挤奶母牛日产奶低于5千克或乳肉兼用高产肉牛到达断奶期时，就要对母牛进行断奶。

自然哺乳的母牛在预计断奶期前1周即停喂精料，只给粗料和干草、秸秆等。使其泌乳量减少。然后把母、犊分离到各自牛栏，不再哺乳。母牛在断乳10天后，乳房乳汁会被组织吸收，乳房呈现萎缩。这时可增加精料和多汁饲料，5～7天后进入妊娠母牛或肉牛的饲养标准。

成年母牛的断奶期多为妊娠期，其管理应注意避免喂劣质的粗饲料和多汁饲料。冬季不饮冰冻的水和饲喂冰冻的块根饲料及青贮料，少喂菜籽饼和棉籽饼，以免引起难产、流产及胎衣滞留等疾患，并注意补充钙、磷和微量元素及维生素。同时注意观察乳房停奶后的变化，保证乳房的健康。要保证牛有适当的运动，以减少蹄病和难产的发生。有条件的地方，应将断奶妊娠牛集中单圈、单群饲养，防止相互拥挤、碰撞。此外，牛舍应保持干燥、清洁。母牛妊娠后，性情温顺。具有妊娠合成代谢机能，采食量转大，日粮可以优质牧草为主，适当补喂精饲料。

空怀母牛的饲养管理主要是提高受配率、受胎率，充分利用粗饲料，降低饲养成本。繁殖母牛在配种前应具有中上等膘情，过瘦、过肥往往影响繁殖。在肉用母牛的饲养管理中，容易出现精料过多而又运动不足，造成母牛过肥而不发情。但在营养缺乏、母牛瘦弱的情况下，也会造成母牛不发情而影响繁殖。瘦弱母牛配种前1～2个月加强饲养，应适当补饲精料，保证维生素、微量元素满足需要，以提高受胎率。

另外，改善饲养管理条件，增加运动和日光浴可增强牛群体质，提高母牛的繁殖能力。牛舍内通风不良，空气污浊，夏季闷热，冬季寒冷，过度潮湿等恶劣环境极易危害牛体健康，敏感的个体，很可能停止发情。因此，改善饲养管理条件、实施动物福利，在繁殖母牛的饲养管理中十分重要（图4-10）。

图4-10　规模肉牛养殖场

第五章　肉牛育肥与高档牛肉生产技术

　　肉牛育肥的目的是科学应用饲草料和管理技术，以尽可能少的饲草料投入，获取尽可能高的日增重，生产出大量的优质高档牛肉，获取最佳经济效益。

第一节　肉牛育肥技术

　　肉牛育肥技术的核心是掌握和应用肉牛生长发育的基本规律。育肥技术的实质是利用牛的生长发育规律，充分发挥肉牛的生长发育和囤肥潜力。所有影响肉牛生长发育和囤肥的因素都是肉牛育肥技术研究的核心议题。

一、影响肉牛育肥效果的因素

（一）遗传因素

　　肉牛的品种和品种间的杂交等都影响肉牛育肥效果。

　　专用肉牛品种比乳用牛、乳肉兼用牛和我国的黄牛等生长育肥速度快，特别是能进行早期育肥，提前出栏，饲料利用率、屠宰率和胴体净肉率高，肉的质量好。一般优良的肉用品种牛，肥育后的屠宰率平均为60%～65%，最高的可达68%～72%；肉乳兼用品种达62%以上，而一般乳用型荷斯坦牛只有35%～43%。

　　近年来，国外已广泛采用品种间经济杂交，利用杂交优势，能有效地提高肉牛的生产力。国外研究结果表明，两品种的杂交后代生长快，饲料利用率高，其产肉能力比纯种提高15%～20%。三品种杂交效果比两品种杂交更好，所得杂交后代的早熟性以及生长发育速度均比纯种牛高。

　　我国利用国外优良肉牛品种的公牛与我国黄牛杂交，杂交后代的杂种优势使生长速度和肉的品质都得到了很大提高。杂交改良牛初生重明显增加，各阶段生长速度显著提高。经测定，几种杂交改良二代牛的初生重比本地黄牛提高21.33%～68.62%，18月龄体重提高20.82%～61.47%，24月龄体重提高14.08%～40.79%。黄牛经过杂交改良，体型明显增大，随着杂交代数的提高，体型逐步向父本类型过渡。经过大量试验表明，西杂改良种不但产奶量提高，而且乳质量好；西杂、夏杂、利杂等改良种，肉用性能显著提高，屠宰率、净肉率和眼肌面积增加，肌肉丰满，仍保持了中国黄牛肉的多汁、口感好及风味可口等特点。

西杂牛（西门塔尔牛与本地牛杂交后代），毛色以黄（红）白花为主，花斑分布随着代数增加而趋整齐，体躯深宽高大，结构匀称，体质结实，肌肉发达；乳房发育良好，体型向乳肉兼用型方面发展。

利杂牛（利木赞牛与本地牛杂交后代），毛色黄色或红色，体躯较长，背腰平直，后躯发育良好，肌肉发达，四肢稍短，呈肉用型。

夏杂牛（夏洛来牛与本地牛杂交后代），毛色为草白或灰白，有的呈黄色（或奶油白色），体型增大，背腰宽平，臀、股、胸肌发达，四肢粗壮，体质结实，呈肉用型。

黑杂牛（荷斯坦牛与本地牛杂交后代），毛色以全黑到大小不等的黑白花片，体躯高大、细致，生长快速，杂交三代牛呈乳用牛体型，趋于纯种奶牛。

另外还有短角牛、安格斯牛等与本地牛杂交的改良牛，体型结构都较本地黄牛有明显改进。用皮埃蒙特公牛与西杂一代母牛进行三元杂交后，杂交后代背宽，后躯丰满，增重快，321天体重达到415千克，得到了普遍认可。

（二）生理因素

年龄和性别等生理因素对肉牛生产力有一定影响。

1. 年龄因素

一般幼龄牛的增重以肌肉、内脏、骨骼为主，而成年的增重除增长肌肉外，主要是沉积脂肪。年龄对牛的增重影响很大。一般规律是肉牛在出生第1年增重最快，第2年增重速度仅为第1年的70%，第3年的增重又只有第2年的50%（表5-1）。

表5-1　年龄与育肥增重效果

牛年龄	头数（头）	平均月龄（月）	平均活重（千克）	生后日增重（千克）	肥育全期增重（千克）	
					总增重	日增重
1岁以下	30	297	345	1.09	354	1.19
1~2岁	152	612	606	0.99	252	0.799
2~3岁	145	943	744	0.79	138	0.442
3岁以上	133	1283	880	0.69	136	0.395

饲料利用率随年龄的增长和体重的增大而呈下降趋势，一般年龄越大，每千克增重消耗的饲料也越多。在同一品种内，牛肉品质和出栏体重有非常密切的关系，出栏体重小，往往不如体重大的牛。但变化不如年龄的影响大。按年龄，大理石花纹形成的规律是：12月龄以前花纹很少，12～24月龄，花纹迅速增加，30月龄以后花纹变化很微小。由此看出要获得经济效益高的高档牛肉，需在18～24月龄时出栏。目前，国外肉牛的屠宰年龄一般为1～1.5岁，最迟不超过2岁。

2.性别因素

性别影响牛的育肥速度，在同样的饲养条件下，以公牛生长最快，阉牛次之，母牛最慢，在肥育条件下，公牛比阉牛的增重速度高10%，阉牛比母牛的增重速度高10%。这是因为公牛体内性激素——睾酮含量高的缘故。因此如果在24月龄以内肥育出栏的公牛，以不去势为好。牛的性别影响肉的质量。一般地说，公牛比阉牛、母牛具有较多的瘦肉，肉色鲜艳，风味醇厚，较高的屠宰率和较大的眼肌面积，经济效益高；母牛肌纤维细，结缔组织较少，肉味亦好，容易育肥；而阉牛胴体则有较多的脂肪。

（三）环境因素

环境因素包括饲养水平和营养状况、管理水平、外界气温等。环境因素对肉牛生产能力的影响占70%。

1.饲养水平和营养状况

饲料是改善牛肉品质、提高牛肉产量的最重要因素。日粮营养是转化为牛肉的物质基础，恰当的营养水平与牛体生长发育规律的有机结合，能使育肥肉牛提高产肉量，并获得品质优良的牛肉。另外肉牛在不同的生长育肥阶段，对营养水平要求不同，幼龄牛处于生长发育阶段，增重以肌肉为主，所以，需要较多的蛋白质饲料；而成年牛和育肥后期增重以脂肪为主，所以需要较高的能量饲料。饲料转化为肌肉的效率远远高于饲料转化为脂肪的效率。

（1）精、粗饲料比例　在肉牛的育肥阶段，精饲料可以提高牛胴体脂肪含量，提高牛肉的等级，改善牛肉风味。粗饲料在育肥前期可锻炼胃肠机能，预防疾病的发生，这主要是由于牛在采食粗料时，能增加唾液分泌并使牛的瘤胃微生物大量繁殖，使肉牛处于正常的生理状态，另外，由于粗饲料可消化养分含量低，可有效防止血糖过高，低血糖可刺激牛分泌生长激素，从而促进生长发育。

一般肉牛育肥阶段日粮的精、粗饲料比例建议为：前期粗料为55%～65%，精料为45%～35%；中期粗料为45%，精料为55%；后期粗料为15%～25%，精料为85%～75%。

（2）营养水平　采用不同的营养水平，增重效果不同（表5-2）。

表5-2　肉牛肥育营养水平与增重效果

营养水平	试牛头数	育肥天数	始重（千克）	前期末重（千克）	后期终重（千克）	前期日增重（千克）	后期日增重（千克）	全期日增重（千克）
高高型	8	394	284.5	482.6	605.1	0.94	0.68	0.81
中高型	11	387	275.7	443.4	605.5	0.75	0.99	0.86
低高型	7	392	283.7	400.1	604.6	0.55	1.13	0.82

由表5-2可以看出：①育肥前期采用高营养水平时，虽然前期日增重提高，但持续时间不会很长，因此，当继续高营养水平饲养时，增重反而降低；②育肥前期采用低营养水平，前期虽增重较低，但当采用高营养水平时，增重提高；③从育肥全程的日增重和饲养天数综合比较，育肥前期，营养水平不宜过高，肉牛育肥期的营养类型以中高型较为理想。

（3）饲料添加剂　使用适当的饲料添加剂可使肉牛增重速度提高，如脲酶抑制剂、瘤胃调控剂、瘤胃素等。见肉牛饲料添加剂部分。

（4）饲料形状　饲料的不同形状，饲喂肉牛的效果不同。一般来说颗粒料的效果优于粉状料，使日增重明显增加。精料粉碎不宜过细，粗饲料以切短利用效果较好。

2. 环境温度

环境温度影响肉牛育肥的增重效果。研究表明，最适气温为10～21℃，气温低于7℃，牛体产热量增加，维持需要增加，要消耗较多的饲料，肉牛的采食量增加2%～25%；环境温度高于27℃，牛的采食量降低3%～35%，增重降低。在温暖环境中反刍动物利用粗饲料能力增强，而在较低温度时消化能力下降。在低温环境下，肉犊牛比成年肉牛更易受温度影响。

空气湿度也会影响牛的育肥，因为湿度会影响牛对温度的感受性，尤其是低温和高温条件下，高湿会加剧低温和高温对牛的危害。

总之，不适合肉牛生长的恶劣环境和气候对肉牛肥育效果有较大影响。所以，在冬、夏季节要注意保暖和降温，为肉牛创造良好的生活和生产环境。

3. 饲养管理因素

饲养管理的好坏直接影响育肥速度。除营养供给外，尽量使肥育牛减少运动消耗。圈舍应保持良好的卫生状况和环境条件，育肥前进行驱虫和疫病防治，经常刷拭牛体，保持体表干净等。

二、肥育肉牛的一般饲养管理原则

（一）肥育预备期的管理

育肥预备期主要指刚进育肥场的肉牛，经过长距离、长时间运输进行异地育肥的架子牛，进入肥育场后要经过饲料种类和数量的变化，尤其从远地运进的异地育肥牛，胃肠食物少，体内严重缺水，应激反应大，因此需要有一适应期。在适应期，应对入场牛隔离观察饲养。注意牛的精神状态、采食及粪尿情况，如发现异常现象，要及时诊治。

1. 饮水

新引入的牛即刚下车的牛，第1次饮水应限制水量，不宜暴饮。如果每头牛同时供给人工盐100克，则效果更好。一般在第1次饮水3～4小时后，可实行自由饮水。

2. 饲喂

当牛饮水后，便可饲喂优质干草。第1天应限量饲喂，按每头牛4～5千克，第2～3天逐渐增加饲喂量，5～6天后才能让其自由充分采食。青贮料从第2～3天起饲喂。精料从5～7天起开始供给，应逐渐增加，体重250千克以下的牛，每日增加精料量不超过0.3千克，体重350千克以上的牛，每日增加精料量不超过0.5千克，直到完全采用肥育日粮。适应期一般15～20天，最低应有15天的过渡期。

3. 驱虫

体外寄生虫可使牛采食量减少，抑制增重，育肥期延长。体内寄生虫会吸收肠道食糜中的营养物质，影响育肥牛的生长和育肥效果。一般可选用阿维菌素，一次用药同时驱杀体内外多种寄生虫。驱虫可从牛入场的第5~6天进行，驱虫3天后，每头牛口服健胃散350~400克健胃。对饲养期较长的牛，可间隔2~3个月再进行一次驱虫。如购牛是秋天，还应注射倍硫磷，以防治牛皮蝇。

4. 分群

适应期临结束时，按牛年龄、品种、体重分群，目的是为了使育肥达到更好效果。分群一般在临近夜晚时进行较容易成功，分群当晚应有管理人员不时地到牛舍查看，如有格斗现象，应及时处置。

（二）肉牛育肥期的饲养管理

1. 减少活动

对于育肥牛在肥育期应减少活动。对于放牧育肥牛尽量减少运动量，对于舍饲育肥牛，每次喂完后应单头拴系或圈入休息栏内。拴系牛缰绳的长度以牛能够自由起卧为宜，这样可以减少营养物质的消耗，提高肥育效果。

2. 坚持"五定"、"五看"、"五净"的原则

（1）"五定"

①定时：即定时饲喂，形成良好的条件反射。若实行一日二次饲喂规程，则每天上午7~9时，下午6~8时各喂1次，间隔9小时。若采用一日三次饲喂法，则早上5~7时、下午1~3时、晚上8~10时定时饲喂。不能忽早忽晚。一日定时饮水3次，或者采食后自由饮水。

②定量：即每天的喂量，特别是精料量按每100千克体重喂精料1~1.5千克，不能随意增减。

③定人：每个牛的饲喂等日常管理要固定专人，以便及时了解每头牛的采食情况和健康状况，并避免产生应激。

④定刷拭：每天上、下午定时给牛体刷拭一次，以促进血液循环，增进食欲。

⑤定期称重：为了及时了解肥育效果，定期称重很必要。牛进场时应首先称重，按体重大小分群，便于饲养管理。在育肥期也要定期称重。由于牛采食量大，为了避免称量误差，应在早晨空腹称重，最好连续称2天取平均数。

（2）"五看"　即每天应对牛群进行详细观察，看采食、看饮水、看粪

尿、看反刍、看精神状态，用以掌握牛群的健康状况。

（3）"五净"

①草料净：饲草、饲料不含沙石、泥土、铁钉、铁丝、塑料布等异物，不发霉、不变质，不含有毒有害物质。

②饲槽净：牛下槽后及时清扫饲槽，防止草料残渣在槽内发霉变质或产生异味。

③饮水净：注意饮水卫生，避免有毒有害物质污染饮水。

④牛体净：经常刷拭牛体，保持体表卫生，防止体外寄生虫的发生。

⑤圈舍净：圈舍要勤打扫、勤除粪，牛床要干燥，保持舍内空气清洁、冬暖夏凉。

3.牛舍及设备

缰绳、围栏等易损品，要经常检修、及时更换。牛舍在建筑上不一定要求造价很高，但应防雨、防雪、防晒、冬暖夏凉。

三、育肥肉牛的选择

根据肉牛育肥的目的，对育肥牛从品种、年龄、外貌等多方面进行选择，有利于降低育肥过程的生产成本，提高生产效率和效益。

（一）品种选择

品种选择总的原则是基于我国目前的市场条件，以生产产品的类型、可利用饲料资源状况和饲养技术水平为出发点。

育肥牛应选择生产性能高的肉用型品种牛，不同的品种，增重速度不一样，供作育肥的牛以专门肉牛品种最好。由于目前我国的优良专门肉用牛品种较少，因而肉牛育肥应首选肉用杂交改良牛，即用国外优良肉牛父本与我国黄牛杂交繁殖的后代。生产性能较好的杂交组合有：夏洛来牛与本地牛杂交后代，短角牛与本地牛杂交改良后代，西门塔尔牛与本地牛杂交改良后代，利木赞牛改良后代等。其特点是体型大，增重快，成熟早，肉质好。

如以生产小牛肉和小白牛肉为目的，应尽量选择早期生长发育速度快的牛品种。因此，肉用牛的杂交公犊和淘汰母犊是生产小牛肉的最好选材。在国外，奶牛公犊也是被广泛利用生产小牛肉的原材料之一。目前，在我国专门化肉牛品种缺乏的条件下，应以选择黑白花奶牛公犊和西门塔尔高代杂种公犊牛为主，利用奶公犊前期生长快、育肥成本低的优势，以利组织生产。犊牛以选择公犊牛为佳，因为公犊牛生长快，可以提高牛肉生产率和经济效益。

如进行架子牛育肥，应选择国外优良肉牛父本与我国黄牛杂交繁殖的后代，因为在相同的饲养管理条件下，杂种牛的增重、饲料转化效率和产肉性能都要优于我国地方黄牛。

如以生产高档牛肉为目的，则除选择国外优良肉牛品种与我国黄牛交种外，也可选择我国的优良黄牛品种如秦川牛、鲁西牛、南阳牛、晋南牛等，而不用回交牛和非优良的地方牛种。国内优良黄牛品种的特点是体型较大，肉质好。其不足是增重速度慢，育肥期较长。用于生产高档优质牛肉的牛一般要求是阉牛。因为阉牛的胴体等级高于公牛，而阉牛又比母牛的生长速度快。

（二）年龄选择

年龄对牛育肥的影响主要表现在增重速度、增重效率、育肥期长短、饲料消耗量和牛肉质量的不同。一般情况下，肉牛在第1年生长最快，第2年次之，年龄越接近成熟期则生长速度越慢。年龄越大，每千克增重所消耗的饲料也越多。老年牛肉质粗硬、少汁，肉质、肉量、口感均不及幼年牛。所以，目前牛的育肥大多选择在牛2岁以内，最迟也不超过36月龄，即能适合不同的饲养管理，易于生产出高档和优质牛肉，在市场出售时较老年牛有利。从经济角度出发，购买犊牛的费用较一两岁牛低，但犊牛育肥期较长，对饲料质量要求较高。饲养犊牛的设备也较大牛条件高，投资大。综合计算，购买犊牛不如购一两岁的架子牛经济效益高。

到底购买哪种年龄的育肥牛主要应根据生产条件、投资能力和产品销售渠道考虑。以生产小牛肉或小白牛肉为目的，需要的犊牛应自己培育或建立供育肥犊牛的繁育基地。体重一般要求初生重在35千克以上，健康无病，无缺损。

以短期育肥为目的，计划饲养3～6个月，则应选择1.5～3岁的育成架子牛和成年牛，不宜选购犊牛、生长牛。对于架子牛年龄和体重的选择，应根据生产计划和架子牛来源而定。目前，在我国广大农牧区较粗放的饲养管理条件下，1.5～2岁肉用杂种牛体重多在250～300千克，2～3岁牛多在300～400千克，3～5岁牛多在350～400千克。如果实行3个月短期快速育肥，最好选体

重350～400千克的架子牛。而采用6个月育肥期，则以选购年龄1.5～2.5岁、体重300千克左右的架子牛为佳。需要注意的是，能满足高档牛肉生产条件的是12～24月龄架子牛，一般牛年龄超过3岁，就不能生产出高档牛肉，优质牛肉块的比例也会降低。

在秋天收购架子牛育肥，第2年出栏，应选购1岁左右牛，而不宜购大牛，因为大牛冬季用于维持饲料多，相对不经济。

（三）体型外貌选择

体型外貌是体躯结构的外部表现，在一定程度上反映牛的生产性能。选择的育肥牛要符合肉用牛的一般体型外貌特征。

从整体上看，体型大、脊背宽、生长发育好、健康无病。不论侧望、上望、前望和后望，体躯应呈"矩形"即长方形，体躯低垂，皮薄骨细，紧凑而匀称，皮肤松软、有弹性，被毛密而有光亮。从局部来看，口大，鼻镜宽，眼明亮。前躯要求头较宽而颈粗短，胸宽而丰满，突出于两前肢之间，肋骨弯曲度大；耆甲宜宽厚，与背腰在一直线上。背腰平直、宽广，臀部丰满且深，四肢正立，两腿宽而深厚，坐骨端距离宽。

应避免选择有如下缺点的牛：头粗而平，颈细长，胸窄，前胸松弛，背线凹，严重斜尻，后腿不丰满，中腹下垂，后腹上收，四肢弯曲无力，"O"形腿和"X"形腿，站立不正等。

四、肉牛育肥方法与技术

肉牛的育肥根据肉牛不同的生理阶段和生产目的分为不同的方法。采取哪种方法育肥，应根据不同育肥场各自的生产情况和市场需求，确定自己的育肥方式。但无论采用哪种方法育肥，肉牛所用的饮水应符合无公害食品畜禽饮用水水质标准（NY 5027-2001），所用的饲料必须符合饲料卫生标准（GB 13078），并严格遵循《饲料和饲料添加剂管理条例》有关规定。只有肉牛实行规范化、标准化生产，牛肉产品质量才能达到标准。

（一）持续育肥技术

持续育肥是指犊牛断奶后，立即转入育肥阶段进行育肥，直到出栏。持续育肥由于在饲料利用率较高的生长阶段保持较高的增重，缩短了生产周期，较好地提高了出栏率，故总效率较高，生产的牛肉肉质鲜嫩，改善了肉

质，满足市场优质高档牛肉的需求。是值得推广的一种方法。

1. 舍饲持续育肥技术

持续育肥应选择肉用良种牛或其改良牛，在犊牛阶段采取较合理的饲养，使其平均日增重达到0.8～0.9千克，180日龄体重达到200千克进入育肥期，按日增重大于1.2千克配制日粮，到12月龄时体重达到450千克。可充分利用随母哺乳或人工哺乳：0～30日龄，每日每头全乳喂量6～7千克；31～60日龄，8千克；61～90日龄，7千克；91～120日龄，4千克。在0～90日龄，犊牛自由采食配合料（玉米63%、豆饼24%、麸皮10%、磷酸氢钙1.5%、食盐1%、小苏打0.5%）。此外，每千克精料中加维生素A 0.5万～1万单位，91～180日龄，每日每头喂配合料1.2～2.0千克；181日龄进入肥育期，按体重的1.5%喂配合精料，粗饲料自由采食。

示例1：7月龄体重150千克开始肥育至18月龄出栏，体重达到500千克以上，平均日增重1千克。

（1）育肥期日粮粗饲料为青贮玉米秸、谷草；精料为玉米、麦麸、豆粕、棉粕、石粉、食盐、碳酸氢钙、微量元素和维生素预混料（表5-3）。

表5-3 玉米秸黄贮+谷草类型日粮配比与喂量

月龄	精饲料配方（%）							采食量［千克/（日·头）］		
	玉米	麸皮	豆粕	棉粕	石粉	食盐	小苏打	精料	黄贮	谷草
7～8	32.5	24	7	33	1.5	1	1	2.2	6	1.5
9～10								2.8	8	1.5
11～12	52	14	5	26	1.0	1	1	3.3	10	1.8
13～14								3.6	12	2.0
15～16	67	4		26	0.5	1	1	4.1	14	2.0
17～18								5.5	14	2.0

7～10月龄肥育阶段，其中，7～8月龄目标日增重0.8千克；9～10月龄目标日增重1千克；11～14月龄肥育阶段，目标日增重1千克。15～18月龄肥育阶段，其中，15～16月龄目标日增重1.0千克；17～18月龄目标日增重1.2千克。

（2）管理技术

①育肥舍消毒：育肥牛转入育肥舍前，对育肥舍地面、墙壁用2%火碱溶液喷洒，器具用1%的新洁尔灭溶液或0.1%高锰酸钾溶液消毒。饲养用具也要

经常洗刷消毒。

②防寒、防暑：可采用规范化育肥舍或塑膜暖棚舍，舍温以保持在6～25℃为宜，确保冬暖夏凉。

当夏季气温高于30℃以上时，应采取以下防暑降温措施。

A. 防止太阳辐射　该措施主要集中于牛舍的屋顶隔热和遮阳，包括加厚隔热层，选用保温隔热材料，瓦面刷白反射辐射和淋水等。虽然有一定作用，但在环境温度较高情况下，则作用有限。

B. 增加散热　舍内管理措施包括吹风、牛体淋水、饮冷水、喷雾、洒水以及蒸发垫降温。牛舍内安装电扇，加强通风，能加快空气对流和蒸发散热。在饲槽上方安装淋浴系统，采用距牛背1米高处喷雾形式，提高蒸发和传导散热。据报道，电扇和喷雾结合使用效果较好。

当冬季气温低于4℃以下时，扣上双层塑膜，可提高舍温，但要注意通风换气，及时排除氨气、一氧化碳等有害气体。

③定槽定位：　按牛体由大到小的顺序排列拴系、定槽、定位，缰绳以40～60厘米为宜。

④驱虫：犊牛断奶后驱虫1次，10～12月龄再驱虫1次。驱虫药可选用虫克星或左旋咪唑或阿维菌素。

⑤刷拭牛体：日常每日刷拭牛体1～2次，以促进血液循环，增进食欲，保持牛体卫生，育肥牛要按时搞好疫病防治，经常观察牛采食、饮水和反刍情况，发现病情及时治疗。

示例2：强度育肥，周岁左右出栏日粮配方。

选择良种牛或其改良牛，在犊牛阶段采取较合理的饲养，使日增重达0.8～0.9千克，180日龄体重超过200千克后，按日增重大于1.2千克设置日粮，12月龄体重达450千克左右，上等膘情时出栏。

其混合精料配置分3个阶段，即哺乳期补充料、育成期精料混合料、催肥期精料混合料（表5-4）。

表5-4　强度肥育、周岁体重450千克出栏牛日粮配制

适用阶段	哺乳期	育成期	催肥期	备注
育肥牛日龄	0~70	71~180	181~360	
物料名称		配制比例（%）		
玉米	60	60	67	
高粱	10	10	10	哺乳期混合料中另
饼粕类	15	24	20	加土霉素22毫克/
饲用酵母	3	0	0	千克；另外，可
植物油脂	10	3	0	采用糊化淀粉尿素
磷酸氢钙	1.5	1.5	1.0	等取代部分饼粕类
食盐	0.5	0.5	1.0	饲料，粗饲料自由
小苏打	0	0.5	1.0	采食，满足供给
维生素A（万单位/千克）	枯草期加1.0~2.0	枯草期加0.5~1.0	枯草期加0.5	

其饲养方案列于表5-5。

表5-5　强度肥育、周岁体重450千克出栏饲养方案

日龄	始重	日增重	日喂量（千克）	
	（千克）	（千克）	全乳	混合精料
0~30	30~50	0.8	6~7	自由
31~60	62~66	0.7~0.8	8	0.3~0.4
61~90	88~91	0.7~0.8	7	0.5~1.0
91~120	110~114	0.8~0.9	4	1.2~1.3
121~180	136~139	0.8~0.9	0	1.8~2.5
181~240	209~221	1.2~1.4	0	3.0~3.5
241~300	287~299	1.2~1.4	0	4.0~5.0
301~360	365~377	1.2~1.4	0	5.6~6.5

示例3：育肥牛始重250千克，肥育天数250天，出栏体重500千克左右；平均日增重1.0千克的肥育方案：日粮分5个体重阶段，50天更换一次日粮配方与饲喂量。粗饲料采用青贮玉米秸，自由采食。各期精料喂量和配方见表5-6。

表5-6　始重250千克、肥育250天、出栏重500千克的饲养方案表

体重（千克）	混合精料日喂量（千克）	混合精料配比（%）					
		玉米	麦麸	棉粕	石粉	食盐	小苏打
250～300	3.0	43.7	28.5	24.7	1.1	1.0	1.0
300～350	3.7	55.5	22.0	19.5	1.0	1.0	1.0
350～400	4.2	64.5	17.4	15.5	0.6	1.0	1.0
400～450	4.7	71.2	14.0	12.3	0.5	1.0	1.0
450～500	5.3	75.2	12.0	10.5	0.3	1.0	1.0
备注		粗饲料自由采食，满足供给					

育肥牛采用挂系饲养，每天舍外拴系，上槽饲喂及晚间入舍，日喂2次，上午6时，下午6时，每次喂后及中午饮水。

2. 放牧与舍饲相结合的持续育肥技术

在有放牧条件的地区，夏季水草茂盛，可采用放牧育肥方式。当温度超过30℃时，要注意防暑降温，可采取夜间放牧的方式，提高采食量，增加经济效益。春、秋季应白天放牧，夜间补饲一定量青贮、氨化、微贮秸秆等粗饲料和少量精料。冬季要补充一定的精料，适当增加能量饲料，提高肉牛的防寒能力，降低能量在基础代谢上的比例。

（1）放牧加补饲持续育肥技术　在牧草条件较好的牧区，犊牛断奶后，以放牧为主，根据草场情况，适当补充精料或干草，使其在18日龄体重达400千克。要实现这一目标，犊牛在哺乳阶段，平均日增重应达到0.9～1.0千克，冬季日增重保持0.4～0.6千克，第二个夏季日增重在0.9千克。在枯草季节，对育肥牛每天每头补喂精料1～2千克。放牧时应做到合理分群，每群50头左右，分群轮牧。我国1头体重120～50千克牛需1.5～2公顷的草场，放牧肥育时间一般在5～11月份，放牧时要注意牛的休息、饮水和补盐。夏季防暑，狠抓秋膘。

（2）放牧——舍饲——放牧持续育肥技术　放牧——舍饲——放牧持续育肥技术适应9～11月份出生的秋产犊。犊牛出生后随母牛哺乳或人工哺乳，哺乳期日增重0.6千克，断奶时体重达到70千克。断奶后以喂粗饲料为主，进行冬季舍饲，自由采食青贮料或干草，日喂精料不超过2千克，平均日增重0.9千克。到6月龄体重达到180千克。然后在优良牧草地放牧（此时正值4～10月份），要求平均日增重保持0.8千克。到12月龄可达到325千克。转入舍饲，自由采食青贮料或青干草，日喂精料2～5千克，平均日增重0.9千克，到18月龄，体重达490千克

左右出栏，是半农半牧区或山川丘陵地区一种经济有效的育肥方法。

（二）架子牛育肥亦即异地育肥技术

将牧区未经肥育的架子牛（体重300千克以上）转移到精料条件较好的农区及城郊地区进行育肥，可以充分利用农区的农副产品和作物秸秆。架子牛刚运到育肥场后应有10～15天的过渡饲养，前几天只喂粗料，适当加盐调节肠胃功能，以后逐渐加料、驱虫，一般15天后进入正式肥育期，肥育期为了减少肉牛活动，采取单头挂系饲养。

1. 架子牛育肥的饲养管理

（1）架子牛的选购　选购的架子牛应是优良肉用品种如夏洛来牛、西门塔尔牛、海福特牛、利木赞牛、皮埃蒙特牛、安格斯牛等与当地黄牛杂交的改良牛。牛的增重速度、胴体质量、活重、饲料利用率等都和牛的年龄有非常密切的关系，因此，选购的架子牛应为1～2岁，体重300～400千克，健康无病，体型外貌发育良好的未去势的小公牛。

健康牛的特征：鼻镜湿润、双目明亮、眼大、双耳灵活、行动自然、被毛光亮，皮肤富有弹性；口大而方、食欲旺盛、反刍正常、体型大、采食量大、胸深且宽、身躯长、四肢粗壮、强健有力的牛。

（2）育肥牛的饲养技术

①日粮配合原则：日粮所含养分能满足肉牛的营养需要，一般应达到饲养标准所规定的要求，在具体肉牛生产应用中，根据生产性能高低，环境因素（温度）等进行必要调整。要求所选饲料的品质优良，适口性好，严禁采用发霉变质饲料原料。充分利用当地成本低廉，资源丰富，且能长期稳定供应的饲料。配制饲料时应选用多种类饲料原料，以达到养分互补，提高饲料利用率的效果。

②日粮配合方法：肉牛日粮配合是按每一头育肥牛每日营养需要量来配合的，主要依据牛体重的大小、日增重和饲料的品种和特性。首先按肉牛饲养标准查营养需要表，进而计算出每日进食粗饲料的营养成分，重点考虑满足能量需要，然后搭配蛋白补充料，以满足蛋白质需要，其次选用矿物质饲料，补充矿物质的不足，最后定出饲料配方。

③阶段饲养法：根据肉牛生产发育特点及营养需要，架子牛从异地到育

肥场后，多采用分阶段饲养法。即把120～150天的育肥饲养期分为过渡期和催肥期两个阶段。

过渡期亦即观察、适应期：一般10～20天，因运输、草料、气候、环境的变化会引起牛体一系列生理反应，通过科学调理，使其适应新的饲养管理环境。前1～2天不喂精料，只供给少量干草和饮水，适量加盐以调理胃肠，增进食欲；随后日渐增加粗饲料的供给量，适当补喂少量精饲料。第二周开始逐渐增加精饲料供给量，每天可喂给1～2千克玉米粉或麸皮，过渡期结束后，再由粗料转为精料型。

催肥期亦即肥育期：采用高精料日粮进行强度育肥，催肥期1～30天，日粮中精料比例可达到45%～55%，粗蛋白质水平保持在13%；31～60天，日粮中精料比例提高到60%～65%，粗蛋白质水平降为11%；61天出栏，日粮中营养浓度进一步提高，精饲料比例达到70%～80%，蛋白质含量为10%。此外，在肉牛饲料中可加入肉牛添加剂，占日粮的1%。同时粗饲料应进行加工处理，如麦秸氨化处理，玉米秸青贮或微贮之后饲喂。

④不同季节应采用不同的技术措施：夏季饲养：酷暑季节，气温过高，肉牛食欲下降，增重缓慢。肉牛适宜的环境温度为8～20℃，在这一温度下，牛的增重速度较快。因此夏季育肥时应注意适当提高日粮的营养浓度，延长饲喂时间。在气温达30℃以上时，应采取防暑降温措施。

冬季饲养：在冬季应给牛加喂能量饲料，提高肉牛防寒能力。不饲喂带冰的饲料和饮用冰冷的水。气温下降到5℃以下时，应采取防寒保温措施。

（3）育肥牛的科学管理　牛舍在进牛前用20%的生石灰或来苏尔消毒，门口设消毒池，以防病菌带入。牛体消毒用0.3%的过氧乙酸消毒液逐头进行一次喷体。在饲养方面不喂霉败变质饲料。更换饲料要有过渡期，以免影响增重。日粮中加喂尿素时，一定要与精料拌匀，且不宜喂后立即饮水，一般要间隔1小时后再饮水。用酒糟喂牛时，不可温度太低，且要运回后立即饲喂，不宜搁置太久。用氨化秸秆喂牛时要先放氨，以免影响牛的食欲和消化。其余见育肥肉牛的一般饲养管理原则。

2. 架子牛舍饲育肥不同类型日粮配方

（1）氨化稻草类型日粮配方示例　预期饲喂效果：饲喂12～18月龄体重

300千克以上架子牛，舍饲育肥105天，日增重1.3千克以上。各阶段日粮配制与日喂量列于表5-7。

表5-7　不同阶段日粮供给表　　　[单位：千克/（头·日）]

阶段（天）	玉米粗粉	豆饼	磷酸氢钙	矿物微量元素	食盐	碳酸氢钠	氨化稻草
前期（30）	2.5	0.50	0.060	0.030	0.050	0.050	20
中期（30）	4.0	1.00	0.070	0.030	0.050	0.050	17
后期（45）	5.0	1.50	0.070	0.035	0.050	0.080	15

（2）酒精糟＋青贮玉米秸类型日粮配方示例　预期饲喂效果：日增重1千克以上。精料配方（%）：玉米93、棉粕2.8、尿素1.2、石粉1.2、食盐1.8、添加剂（育肥灵）另加。不同体重阶段，精粗料用量列于表5-8。

表5-8　不同体重阶段精粗饲料用量表　　　（千克）

体重	250～350	350～450	450～550	550～650
精料混合料	1～3	3～4	4～5	5～6
鲜酒糟	10～12	12～14	14～16	16～18
玉米秸秆青贮	10～12	12～14	14～16	16～18

五、肉牛育肥典型日粮配方示例

1. 青贮玉米秸类型日粮典型配方

青贮玉米秸是肉牛的优质粗饲料，合理的日粮配方可以更好地发挥肉牛生产潜力。典型配方参考表5-9。

表5-9　青贮玉米秸类型日粮配方和营养水平

体重阶段（千克）		300～350	350～400	400～450	450～500	备注
饲料配方（%）	玉米	71.8	76.8	77.6	84.5	
	麸皮	3.3	4.0	0.7	0	
	棉粕	21.0	15.6	18.0	11.6	
	尿素	1.4	1.4	1.7	1.9	混合精料
	食盐	1.5	1.5	1.2	1.2	中另加0.2%
	石粉	1.0	0.7	0.8	0.8	的添加剂
头日进食	混合精料	5.2	6.1	5.6	8.0	预混料
	青贮玉米秸	15	15	15		
营养水平	RND（个/千克）	6.7	7.2	7.0	8.8	
	XDCP（克）	747.8	713.5	782.6	776.4	
	Ca（克）	39	36	37	45	
	P（克）	21	22	21	25	

2.酒糟类型日粮典型配方

酒糟作为酿酒的副产品，其营养价值因酿酒原料不同而异，酒糟中蛋白含量高，此外，还含有未知生长因子，因此，在许多规模化肉牛场中使用酒糟育肥肉牛。其育肥效果取决于日粮的合理配制。典型配方参考表5-10。

表5-10　酒糟类型日粮配方和营养水平

体重阶段（千克）		300~350	350~400	400~450	450~500	备注
饲料配方（%）	玉　米	58.9	75.1	80.8	85.2	
	麸　皮	20.3	11.1	7.8	5.9	
	棉　粕	17.7	9.7	7.0	4.5	
	尿　素	0.4	1.6	2.1	2.3	混合精料中另加0.2%的添加剂预混料
	食　盐	1.5	1.5	1.5	1.5	
	石　粉	1.2	1.0	0.8	0.6	
头日进食	混合精料	4.1	7.6	7.5	8.2	
	酒　糟	11.0	11.3	12.0	13.1	
	玉米秸	1.5	1.7	1.8	1.8	
营养水平	RND（个/千克）	7.4	11.8	12.3	13.2	
	XDCP（克）	787.8	1272.3	1306.6	1385.6	
	Ca（克）	46	57	52	51	
	P（克）	30	39	37	39	

3. 干玉米秸类型日粮配方

农区有大量的作物秸秆，是廉价的饲料资源。但秸秆的粗蛋白质、矿物质、维生素含量低，特别是其木质化纤维结构造成消化率低、有效能量低，成为影响秸秆营养价值及饲用效果的主要因素。对于玉米秸类型日粮进行合理营养调控，可改善饲料养分利用率。典型配方参考表5-11。

表5-11　干玉米秸类型日粮配方和营养水平

体重阶段（千克）		300~350	350~400	400~450	450~500	备注
饲料配方（%）	玉　米	66.2	70.5	72.7	78.3	
	麸　皮	2.5	1.9	6.6	1.7	
	棉　粕	27.9	24.1	16.8	16.3	
	尿　素	0.9	1.2	1.4	1.7	混合精料中另加0.2%的添加剂预混料
	食　盐	1.5	1.5	1.5	1.5	
	石　粉	1.0	0.8	1.0	0.5	
头日进食	混合精料	4.8	5.4	6.0	6.7	
	干玉米秸	3.6	4.0	4.2	4.6	
	酒　糟	0.5	0.3	1.1	0.3	
营养水平	RND（个/千克）	6.1	6.8	7.6	8.4	
	XDCP（克）	660	691	722	754	
	Ca（克）	38	38	37	36	
	P（克）	27	28	31	32	

4. "三化"复合处理麦秸+青贮玉米秸类型日粮配方

麦秸"三化"复合处理发挥了氨化、碱化、盐化的综合作用，质地柔软，气味糊香，明显改善了秸秆的纤维结构，提高了秸秆的营养价值与可消化性，但缺乏青绿饲料富含的维生素等养分，与玉米秸青贮合理搭配，可产生青饲催化及秸秆组合效应，是一种促进秸秆科学利用 颇具潜力的日粮类型。实用配方参考表5-12。

表5-12   三化麦秸+青贮类型日粮配方和营养水平

体重阶段（千克）		300~350	350~400	400~450	450~500	备注
饲料配方（%）	玉 米	55.7	61.4	69.6	74.4	
	麸 皮	22.5	19.3	14.6	12.0	
	棉 粕	20.0	17.2	13.0	10.4	
	尿 素	0.6	1.1	1.8	2.2	混合精料中另加0.2%的添加剂预混料
	食 盐	1.0	1.0	1.0	1.0	
	石 粉	0.2	0	0	0	
头日进食	混合精料	4.04	4.25	4.71	4.99	
	玉米秸青贮	11.0	13.0	15.0	17.0	
	三化麦秸	3.0	3.5	4.0	4.5	
营养水平	RND（个/千克）	6.1	6.8	7.6	8.4	
	XDCP（克）	660	691	722	754	
	Ca（克）	38	39	37	36	
	P（克）	22	21	22	23	

5. 半干青贮添加剂处理干玉米秸类型日粮配方

半干青贮添加剂，集酶菌复合作用为一体，处理秸秆后，质地柔软，气味芳香，适口性好，消化率提高，制作季节延长。实用配方参考表5-13。

表5-13   半干青贮添加剂处理玉米秸类型日粮配方和营养水平

体重阶段（千克）		300~350	350~400	400~450	450~500	备注
饲料配方（%）	玉 米	64.6	55.6	63.5	68.6	
	麸 皮	0	23.1	18.7	16.2	
	棉 粕	33.9	20.5	16.7	14.1	
	尿 素	0.59	0.10	0.73	1.00	处理玉米秸中含有食盐，再添加；混合精料中另加0.2%的添加剂预混料
	石 粉	0.91	0.70	0.37	0.10	
	混合精料	4.35	4.20	4.40	4.70	
头日进食	处理玉米秸	12.0	15.0	18.0	20.0	
	RND（个/千克）	6.1	6.8	7.6	8.4	
	XDCP（克）	660	691	722	754	
营养水平	Ca（克）	66	38	37	36	
	P（克）	38	21	22	23	
	Ca（克）	38	39	37	36	
	P（克）	22	21	22	23	

六、提高肉牛育肥效果的措施

1. 选好品种

可利用国外优良肉牛品种的公牛与我国地方品种的母牛杂交，或国内优良地方品种间的杂交。杂交后代的杂种优势对提高育肥肉牛的经济效益有重要作用。如西门塔尔杂交牛产奶、产肉效果都很明显；海福特改良牛早熟性和肉的品质都有提高；利木赞杂交牛的牛肉大理石状花纹明显改善；夏洛来改良牛生长速度快、肉质好等。

2. 利用公牛育肥

研究表明，不去势的公牛生长速度和饲料转化率明显高于阉牛，并且胴体瘦肉率多，脂肪少。一般公牛的日增重比阉牛提高14.4%，饲料利用率提高11.7%，可在18~23月龄达到屠宰体重。

3. 架子牛的选择

架子牛的选择非常重要，有"架子牛七成相"之说。因此，应尽可能选择容易饲喂，容易长膘，品质好能卖大价钱的牛入栏喂养。一般架子牛有以下规律：四肢及胴体较长的牛易于育肥，如幼牛体型已趋匀称，发育前途未必就好；十字部略高于体高，后肢飞节高的牛发育能力强；皮肤松弛柔软，被毛柔软密实的牛肉质良好；背、腰肌肉充盈，肩胛与四肢强健有力者良好；发育虽好但性情暴躁、神经质的牛不宜选择；脐部四周肮脏、粪便恶臭者多半患有下痢；若选去势牛，去势应尽早（3~6月龄）进行，这样可减少应激，出栏时出肉率高，肉质好。去势越迟肉质就越不好。

4. 选择适龄牛育肥

年龄对牛的增重影响很大。一般规律是肉牛在1岁时增重最快，2岁时增重速度仅为1岁时的70%，3岁时的增重又只有2岁时的50%。

5. 抓住育肥的有利季节

在四季分明的地方，春、秋季节育肥效果最好。此时气候温和，牛的采食量大，生长快。夏季炎热，不利于牛的增重，因此，肉牛育肥季节最好错过夏季。但在牧区肉牛出栏以秋末为最佳。一般说来，牛生长发育的最适温度为5~21℃。所以，在冬夏季节要注意防寒|防暑，为肉牛创造良好的生活环境。

6. 合理搭配饲料

要按照育肥牛的营养标准配制日粮，正确使用各种饲料添加剂，日粮中的精料和粗料品种应多样化，这样不仅可提高适口性，也有利于营养互补和提高增重。如果进行易地育肥，开始育肥时应有15天的适应过程，多饮水、多给草、少给料，以后精料逐渐增加，日喂2或3次，做到定时定量。

七、精心管理

育肥前要进行驱虫和疫病防治，育肥过程中勤检查、细观察，发现异常及时处理。严禁饲喂发霉变质的草料，注意饮水卫生，要保证充足、清洁的饮水，每天至少饮2次，饮足为止。冬、春季节水温应不低于20℃。要经常刷拭牛体，保持体表干净，特别是春、秋季节要预防体外寄生虫病的发生。圈舍要勤换垫草、勤清粪便。保持舍内空气清新，冬暖夏凉。育肥期间应减少牛只的运动，以利于提高增重。每出栏一批牛，要对原舍进行彻底的清扫和消毒。

第二节　高档牛肉生产技术

肉牛养殖的最终目标是经济、高效地生产优质高档牛肉。高档牛肉是指制作国际高档食品的优质牛肉，要求肌肉纤维细嫩，肌肉间含有一定量脂肪，所做的食品既不油腻，也不干燥，鲜嫩可口。牛肉品质档次的划分主要依据牛肉本身的品质和消费者的主观需求，因此国外有多种标准，如美国标准、日本标准、欧盟标准等。我国肉牛业起步较晚，尚未形成独立产业，因此，也尚未形成全国统一的牛肉档次标准，但一般涉外宾馆、高档饭店进货高档牛肉主要指牛柳、西冷和肉眼三块分割肉，且要求达到一定的重量标准和质量标准，有时也包括嫩肩肉、胸肉两块分割肉。优质牛肉一般指优二级以上的牛肉。

高档牛肉占牛胴体的比例最高可达12%，高档和优质牛肉合计占牛胴体的比例可达到45%～50%。高档优质牛肉售价高，因此，提高高档优质牛肉的出产率可大大提高饲养肉牛的生产效益。如我国地方良种黄牛每头育肥牛

第五章　肉牛育肥与高档牛肉生产技术

135

生产的高档牛肉不到其产肉量的5%，但产值却占整个牛产值的47%；而饲养加工一头高档肉牛，则可比饲养普通肉牛增加收入2000元以上，可见饲养和生产高档优质牛，经济效益十分可观。

高档牛肉生产包括小红牛肉生产、小白牛肉生产和高档优质分割肉生产三大部分，分别介绍如下。

一、小牛肉生产技术

小牛肉是犊牛出生后饲养至1周岁之内屠宰所产之牛肉。小牛肉富含水分，鲜嫩多汁，蛋白质含量高而脂肪含量低，风味独特，营养丰富，是一种自然的理想高档牛肉。犊牛在1岁内屠宰，生长时间短，因此，为了提高小牛肉的生产

图5-1　小牛肉生产

率，对犊牛的饲养和育肥必须按照营养需要和饲养标准进行。小牛肉生产育肥场见图5-1。

1. 牛种选择

生产小牛肉应尽量选择早期生长发育速度快的牛品种，因此，肉用牛的公犊和淘汰母犊是生产小牛肉的最好选材。在国外，奶牛公犊也是被广泛利用生产小牛肉的原材料之一。

目前，在我国还没有专门化肉牛品种的条件下，应以选择黑白花奶牛公犊和西门塔尔高代杂种公犊牛为主，利用杂种优势以及奶公犊前期生长快、肥育成本低的优势，进行组织生产。西杂牛、夏杂牛肥育生产小牛肉如图5-2和图5-3所示。

图5-2　西杂牛肥育生产小牛肉

2. 牛龄选择

小牛肉生产，实际是育肥与犊牛的生长同期。犊牛出生后3日内可以采用随母哺乳，也可采用人工哺乳，但出生3日后必须改由人工哺乳，1月龄内按体重的8%～9%喂给牛奶。在国外，为了节省牛奶，更广泛采用代乳料。表5-14给出了3例犊牛1月龄内的代乳料配方。

图5-3　夏杂牛肥育生产小牛肉

表5-14　犊牛初生至1月龄的代乳料配方

序号	类别	配方组成	采用国家
1	代乳品	脱脂奶粉60%～70%，玉米粉1%～10%，猪油15%～20%，乳清15%～20%，矿物质+维生素2%	丹麦
2	代乳品	脱脂奶粉10%，优质鱼粉5%，大豆粉12%，动物性脂肪71%，矿物质+维生素2%	日本
	前期人工乳	玉米55%，优质鱼粉5%，大豆饼38%，矿物质+维生素2%	
	后期人工乳	玉米42%，高粱10%，优质鱼粉4%，大豆饼20%，麦麸12%，苜蓿粉5%，糖蜜4%，维生素+矿物质3%	
3	人工乳	玉米+高粱40%～50%，鱼粉5%～10%，麦麸+米糠5%～10%，亚麻饼20%～30%，油脂5%～10%	日本

精料量从7～10日龄开始习食后逐渐增加到0.5～0.6千克，青干草或青草任其自由采食。1月龄后喂奶量保持不变，精料和青干草则继续增加，直至育肥到6月龄为止。可以在此阶段出售，也可继续育肥至7～8月龄或1周岁出栏。出栏时期的选择，根据消费者对小牛肉口味喜好的要求而定，不同国家之间并不相同。

3. 犊牛性别和体重

生产小牛肉，犊牛以选择公犊牛为佳，因为公犊牛生长快，可以提高牛肉生产率和经济效益。体重一般要求初生重在35千克以上，健康无病，无缺损。

4. 育肥精料与饲养要点

小牛肉生产为了保证犊牛的生长发育潜力尽量发挥，代乳品和育肥精料的饲喂一定要数量充足，质量可靠。国外采用代乳品喂养，完全是为了节省用奶量。实践证明：采用全乳比用代用乳育肥犊牛的日增重高。如日本采用全乳和代用乳饲喂犊牛的比较结果列于表5-15。

表5-15　采用全乳和代用乳饲喂犊牛的结果比较

组别	饲喂全乳	饲喂代用乳
试验牛头数（头）	8	31
犊牛平均初生重（千克）	42.2	47.0
90日龄平均体重（千克）	142.2	122.0
平均日增重（千克）	1.1	0.73

因此，在采用全乳还是代用乳饲喂时，国内可根据综合的支出成本高低来决定采用哪种类型。因为代乳品或人工乳如果不采用工厂化批量生产，其成本反而会高于全乳。所以，在小规模生产中，使用全乳喂养可能效益更好。1月龄后，犊牛随年龄的增长，日增重潜力逐渐提高，营养的需求也逐渐由以奶为主向以草料为主过渡，因此，为了提高增重效果并减少疾病发生，育肥精料应具有高热能、易消化的特点，并加入少量抑菌药物。表5-16推荐了2例犊牛育肥的混合精料配方。

表5-16　犊牛育肥混合精料参考配方（%）

序号	玉米	豆饼	大麦	鱼粉	油脂	骨粉	食盐	麸皮	干甜菜渣	磷酸钙
1	60	12	13	3.0		1.5	0.5	—		
2	42	15		2.5			0.3	25	15	0.3

在采用代乳品的情况下，育肥犊牛6月龄时，每天应喂给2～3千克代乳料（干物质）。代乳的温度，在犊牛2周龄之前，夏季控制在37～38℃，冬季以39～42℃为宜。2周龄后，代乳的温度可逐渐降低到30～35℃。

以上配方可每千克加土霉素22毫克做抗菌剂，冬春季节因青绿饲料缺乏，可每千克加10～20国际单位的复合维生素以补充不足。

小牛肉生产应控制犊牛不要接触泥土。所以，育肥牛栏多采用漏粪地板。育肥期内，每日喂料2～3次，自由饮水。冬季应饮20℃左右的温水，夏季可饮凉水。犊牛发生软便时，不必减食，可以给予温开水，但给水量不能太多，以免造成"水腹"。若出现消化不良，可酌情减喂精料，并用药物治疗。如下痢不止、有顽固性症状时，则应进行绝食，并注射抗生素类药物和补液。

5. 小牛肉生产指标

小牛肉分大胴体和小胴体。犊牛育肥至6~8月龄，体重达到250~300千克，屠宰率58%~62%，胴体重130~150千克，称小胴体。如果育肥至8~12月龄，屠宰活重达到350千克以上，胴体重200千克以上，则称为大胴体。西方国家目前的市场动向，大胴体较小胴体的销路好。

牛肉品质要求多汁，肉质呈淡粉红色，胴体表面均匀覆盖一层白色脂肪。为了使小牛肉肉色发红，许多育肥场在全乳或代用乳中补加铁和铜，具有提高肉质和减少犊牛疾病发生的双重作用，如同时再添加些鱼粉或豆饼，则肉色更加发红。需要说明的是，生产白牛肉时，乳液中绝不能添加铁、铜元素。

二、白牛肉生产技术

白牛肉也叫小白牛肉，是指犊牛生后14~16周龄内完全用全乳、脱脂乳或代用乳饲喂，使其体重达到95~125千克屠宰后所产之肉。由于生产白牛肉犊牛不喂其他任何饲料，甚至连垫草也不能让其采食，因此，白牛肉生产不仅饲喂成本高，牛肉售价也高，其价格是一般牛肉价格的8~10倍。

白牛肉生产技术要点如下。

1. 犊牛选择

犊牛要选择优良的肉用品种，乳用品种、兼用品种或杂交种牛犊。要求初生重在38~45千克，生长发育快；3月龄前的平均日增重必须达到0.7千克以上。身体要健康，消化吸收机能强。性别最好选择公牛犊。

2. 饲养管理

犊牛生后1周内，一定要吃足初乳；至少出生3日后应与其母亲牛分开，实行人工哺乳，每日哺喂3次。对犊牛的饲养管理要求与小牛肉生产相同，生产小白牛肉每增重1千克牛肉约需消耗10千克奶，很不经济。因此，近年来采用代乳料加人工乳喂养越来越普遍。用代乳料或人工乳平均每生产1千克小白牛肉约消耗13千克。管理上应严格控制乳液中的含铁量，强迫犊牛在缺铁条件下生长，这是小白牛肉生产的关键技术。

三、高档优质牛肉生产技术

高档优质牛肉生产，是指利用精挑细选的育肥架子牛，通过调整饲养过程和阶段，强化育肥饲养管理来生产高档优质牛肉的技术。由于是通过育肥过程来生产高档优质牛肉，因此，对架子牛的品种、类型、年龄、体重、性别和育肥饲养过程的要求都比较严格，只有这样，才能保证高档优质牛肉生产的成功。另外，为了保证高档优质牛肉生产所需育肥架子牛的质量，专门化育肥场应建立自己稳定的育肥架子牛生产供应基地，并对架子牛的生产进行规范化饲养管理指导。有条件的肉牛生产企业，则应自己进行育肥架子牛培育、育肥生产过程和肉牛出栏后的屠宰加工和产品销售，以保证高档优质牛肉的出产率和生产的经济效益。

1. 生产高档牛肉的基本要求

（1）活牛 健康无病的各类杂交牛或良种黄牛。屠宰年龄30月龄以内，宰前活重550千克以上。膘情为满膘（看不到骨头突出点）；尾根下平坦无沟、背平宽；手触摸肩部、胸垂部、背腰部、上腹部、臀部，有较厚的脂肪层。

（2）胴体评估 胴体外观完整，无损伤；胴体体表脂肪色泽洁白而有光泽，质地坚硬；胴体体表脂肪覆盖率80%以上，12～13肋骨处脂肪厚度10～20毫米；净肉率52%以上。

（3）肉质评估 大理石花纹符合我国牛肉分级标准（试行）一级或二级（大理石花纹丰富）；牛肉嫩度，肌肉剪切力值3.62千克以下，出现次数应在65%以上；易咀嚼，不留残渣，不塞牙；完全解冻的肉块，用手触摸时，手指易进入肉块深部。牛肉质地松软、多汁。每条牛柳2.0千克以上，每条西冷重5.0千克以上，每块眼肉重6.0千克以上。

2. 品种选择

生产高档优质牛肉应选择国外优良的肉牛品种如夏洛来牛、利木赞牛、皮埃蒙特牛、西门塔尔牛等，或它们与我国优良地方品种如秦川牛、晋南牛、鲁西牛、南阳牛等的杂种牛为育肥材料。这样的牛生产性能好，易于达到育肥标准。我国的五大良种黄牛及复州牛、渤海黑牛、科尔沁牛等也可用于组织高档优质牛肉生产，但育肥过程的饲料报酬可能较低，同时，牛肉产品的均一性可能较差。然而具有独特的肉质和风味，市场前景可观（图5-4）。

3. 性别选择

用于生产高档优质牛肉的
牛一般要求是阉牛。因为阉牛
的胴体等级高于公牛，而阉牛
又比母牛的生长速度快。根据
美国标准，阉牛、未生育母牛
的胴体等级分为8个等级；青
年公牛胴体分为5个等级；而
普通公牛胴体没有质量等级，

图5-4　肉牛舍内肥育

只有产量等级；奶牛胴体无优质等级。据用晋南牛和复州牛试验，晋南牛去势
后的一级肉可达到64%，而不去势复州牛无1～3级肉，四级肉占90%；剪切值
测定结果：晋南牛<3.62的牛肉占81.6%，而复州牛≤3.62的肉占52%。

4. 年龄选择

生产高档优质牛肉，牛的屠宰年龄一般为18～22月龄，最大不超过30月
龄。屠宰体重达到500千克以上。这样才能保证屠宰胴体分割的高档优质肉
块有符合标准的剪切值，理想的胴体脂肪覆盖和肉汁风味。因此，对于育肥
架子牛，要求育肥前12～14龄体重达到300千克，经6～8个月育肥期，活重
能达到500千克以上。我国的地方黄牛品种由于生长速度慢，在一般饲养条件
下，周岁体重大多只能达到180～200千克，在标准化育肥条件下的日增重一
般为0.6～0.8千克，因此，为了生产高档优质牛肉，选择育肥架子牛的年龄就
要提早和延长育肥期，如200千克南阳牛育肥395天的平均日增重为622克，鲁
西牛669克，秦川牛749克，晋南牛822克，一般需要育肥12～16个月才能达到
500千克体重，导致牛屠宰时年龄偏大，造成牛肉品质可能变老。因此，如利
用国内地方黄牛做高档优质牛肉生产的育肥材料，应对育肥架子牛特别注意
精挑细选。

5. 强度育肥

生产高档优质牛肉，要对饲料进行优化搭配，饲料应尽量多样化、全
价化，按照育肥牛的营养标准配合日粮，正确使用各种饲料添加剂。育肥初

期的适应期，应多给草，充足饮水，少给精料。以后则要逐渐增加精料，日喂2～3次，做到定时定量。对育肥牛的管理要精心，饲料、饮水要卫生、干净，无发霉变质。冬季饮水温度应不低于20℃，圈舍要勤换垫草，勤清粪便，每出栏一批牛，都应对厩舍进行彻底清扫和消毒。

6. 屠宰加工

牛肉等级分级标准包括多项指标，单一指标难以作出正确评估。如日本牛肉分级标准依据包括大理石纹、肉的色泽、肉内结缔组织、脂肪的颜色和肉的品质，综合评定后分为3级，每级又分为5等（表5-17）。美国肉牛生产时间长、水平高。因此，牛肉等级分级严，其牛肉分级标准包括三个方面：①以性别、年龄、体重为依据；②以胴体质量为依据；③以牛肉品质为依据。综合评定后，特级牛仅占全部屠宰牛的2.9%，特优级合计占48.5%（表5-18）。在牛肉的总量中，高价肉块的比例很小，如牛柳、西冷、肉眼三块肉合计仅约占牛胴体的10%，而其产值却可达到一头牛产值的近一半。因此，高档牛肉生产宜实行生产和屠宰、销售一体化作业，这样高档牛肉生产企业的产品可直接和用户见面，不通过中间环节，既减少了流通环节，又能加深产、销双方的商业感情，便于产品稳定、均衡的生产与销售，保证高档优质牛肉生产的经济收益。目前，我国的肉牛业生产还处于初级阶段，产品流通方式和销售渠道单一，如在美国、加拿大应用很广泛的委托育肥、委托屠宰等形式在我国还未出现。因此，专门化的高档牛肉生产宜于在有规模的企业组织，一般的小规模农户不适宜独立进行这种方式的生产，以免经济收益不能保证。

表5-17　日本牛肉等级划分

胴体等级	肉质等级				
	5	4	3	2	1
A	A5	A4	A3	A2	A1
B	B5	B4	B3	B2	B1
C	C5	C4	C3	C2	C1

注：肉质等级中：5最好、1最差。

表5-18　美国牛肉等级分配表

牛肉品质等级	占全部屠宰牛的比例（%）
特（等）级	2.9
优（等）级	45.6
良好级	25.3
中（等）级	8.5
可利用级	7.0
差（等）级	10.7
等外级	

7. 生产模式

高档优质牛肉生产宜于采用精料型持续育肥方式，生产的组织宜于采用犊牛培育、肉牛饲养配套技术、肉牛屠宰、加工、销售一条龙生产和产销一体化企业方式。

第三节　　肉牛活体分级及胴体分割

肉牛生产的目的，从养牛者来说是为了以少的投入换取较大的经济效益。作为社会效益则尽量是以较低的消耗，生产出量多质优的牛肉。这两者从客观方面来说是一致的，但从主观方面来说存在一些差异。为了提高养牛生产的经济效益，养殖者必须尽可能地提高牛肉的产量、肉的等级和高档优质肉的份额比例，这就意味着养牛者必须提高饲养水平和养殖技术，选择优秀的肉牛品种、合适的出售时机和销售去向。然而，由于受到所处地区环境、生态条件、饲料种类、来源与丰度状态、畜牧技术服务网络状况和当地销售市场结构及自身各种条件的制约，养牛者在选择上可能受到一定的限制，因此必须依据当地条件，发挥当地优势，因地制宜地开发肉牛养殖，而了解一些市场对活牛收购的要求和牛肉分级的标准，对生产方式的选择将非常有益。

一、屠宰前活牛的评膘分级

对于肉牛养殖场而言，由于目前我国还没有诸如委托屠宰、委托牛肉胴体分割和评级出售等服务体系和方式，育肥肉牛的主要销售渠道就是卖给肉牛屠宰场或牛肉加工企业，而屠宰场对活牛等级验定和收购价格确定除了体重、年龄指标以外，牛的体质、体形发育丰满状态和肥度是主要的评级指标：

特等：全身肌肉丰满，外形匀称。胸深厚，背脂厚度适宜，肋圆并和肩合成一体。背腰、臀部肌肉丰满，大腿肌肉附着优良，并向外突出和向下伸延。

一等：全身肌肉较发达，肋骨开张，肩肋结合较好，略显凹陷，臀部肌肉较宽平而圆度不够；腿肉充实，但外突不明显。

二等：全身肌肉发育一般，肥度不够，胸欠深，肋骨不很明显，臀部短但肌肉较多；后腿之间宽度不够。

三等：肌肉发育差，脊骨、肋骨明显，背窄、胸浅、臀部肌肉较少，大腿消瘦。

四等：各部关节外露明显，骨骼长而细，体躯浅，臀部凹陷。肉牛质量档次四级法分级表（表5-19）、肉牛质量档次五级法分级表（表5-20）。

表5-19　肉牛质量档次四级法分级表

级别	空腹24小时宰前图示	要求概述
特级		年龄在48月龄以内，体重在500千克以上，全身肌肉发达。胸深厚，背腰厚实而丰满，脊椎、肋、腰和臀部有较厚的脂肪层，胸、腹充实而丰满
优一级		年龄在72月龄以内，体重在400～600千克，全身肌肉发达，胸深厚，背腰丰满，后腿肌肉较发达，背和臀部有一层较厚的脂肪
优二级		年龄在96月龄以内，体重在350千克以上，全身肌肉发育一般，胸、腹及后腿较丰满，背腰处脂肪层覆盖程度一般
普通级		年龄不限，体重在350千克以下，全身肌肉发育较差，全身骨骼突出，脂肪较薄，部分关节外露，甚至有凹陷

表5-20   质量等级与产量等级五级评定法

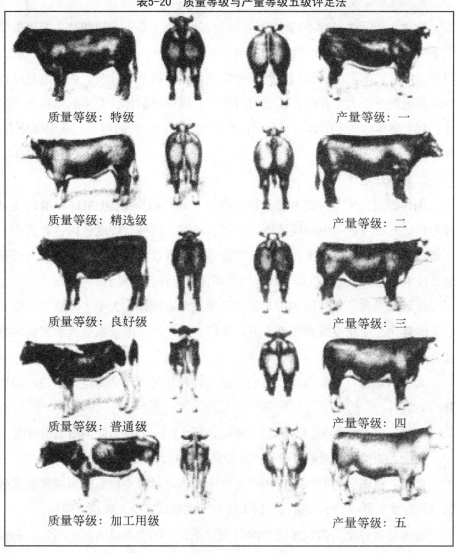

质量等级：特级   产量等级：一

质量等级：精选级   产量等级：二

质量等级：良好级   产量等级：三

质量等级：普通级   产量等级：四

质量等级：加工用级   产量等级：五

二、肉牛胴体系统评定

胴体质量等级的高低制约胴体分割肉块及剔骨后牛肉的品质等级，因此，胴体质量的高低直接影响牛肉的销售收入水平。然而，胴体质量等级的高低优劣不仅受育肥活牛本身的质量、数量等级差别的制约，反映着宰前活牛的质量水平，而且牛的屠宰加工过程也影响胴体质量。如生产高档牛肉的屠宰加工技术规范与普通牛肉生产的屠宰加工程序要求就有很大区别。

1. 胴体的定义

胴体：指活牛经24小时空腹后，进行放血、去头、截掉四肢（腕跗关节以下），去除尾巴，剥除肾脏和肾脂肪以外的所有内脏器官如心、肝、肺、胃等，同时切除乳房、肛门、外阴和生殖器官后的其余骨肉。胴体沿脊椎骨中央用电锯分割为左右两半，或用刀斧劈开则称半胴体，左半胴体称软半胴体，右半胴体称硬半胴体。半胴体由腰部第12～13肋骨间截开，将胴体分为4块，每块称四分半胴体。

2. 胴体评定标准

胴体评定分质量评定和数量评定两个方面。根据美国USDA标准，质量评定包括五项指标：生理成熟度、大理石花纹、肉质、硬度、肉色。其中，大理石花纹、生理成熟度、肉色三项指标被南京农业大学"优质牛肉生产和加工技术示范"课题组推荐为我国肉牛胴体质量评定项目。

生理成熟度：指牛的生理年龄，是通过评定胴体的大小、形状、骨骼和软骨的骨化程度及瘦肉的颜色、肉质来综合判定的。南京农业大学制定的标准分为A、B、C、D、E五级。

大理石花纹：指肌肉间脂肪的含量与分布状况。评估部位为第12～13肋骨间的眼肌。

肉质：指肉的表观纤维细度，评估部位为第12～13肋骨间的眼肌横断面。

硬度：指肉的相对硬度或软度。评估部位同大理石花纹。

肉色：指眼肌肉的颜色。肉色在牛肉销售时对吸引顾客购买或称表观吸引力具有重要影响，牛肉销售在很大程度上就是靠其令人满意的颜色。

胴体数量评定，指胴体生产净肉的比率，牛的生理成熟度（与年龄和体重相关）不同，数量评定指标也不同。如我国制定的18月龄出栏牛的数量标准为：

特等：净肉重≥147千克（活重350千克，净肉率42%）。

一等：147千克>净肉重≥120千克（活重300千克，净肉率40%）。

二等：120千克>净肉重≥97.5千克（活重250千克，净肉率39%）。

三等：97.5千克>净肉重≥81.4千克（活重220千克，净肉率37%）。

根据胴体重和眼肌面积大小可以估计胴体分割的净肉量：

净肉量= 0.4003×胴体重+ 0.1871×眼肌面积-5.9395

当对胴体进行整胴体数量等级评定时，则采用以下4项指标：

背膘厚度：指第12肋骨上的脂肪层厚度（厘米）。这是评定胴体最主要的指标。

热胴体重：在屠宰后立即称取的重量（千克）；若为冷胴体，则乘以系数1.02获得热胴体重。

眼肌面积：这是优质牛肉的代表性指标，用利刀在12肋骨后缘处切开后，用方格透明硫酸纸描出眼肌面积或用求积仪计算（平方厘米）。

肾、心、骨盆腔油脂重量：在屠宰时称量，并计算其占热胴体的比例（%KPH）。

根据以上指标，计算胴体数量等级的公式为：

产量等级=2.5+0.98×背膘厚度+0.2×%KPH+0.0084×热胴体重-0.0496×眼肌面积。

同时，根据以上4项指标，还可以计算胴体的出肉率，公式为：

出肉率=51.34-2.28×背膘厚度-0.462×肾脂%-0.0205×热胴体+0.1147×眼肌面积

以下举实例说明：表5-21是甲、乙两牛的屠宰胴体各测定指标值

表5-21　甲乙两牛屠宰胴体的测定指标值

	宰前活重（千克）	膘厚（厘米）	热胴重（千克）	眼肌面积（平方厘米）	肾、心、盆腔脂肪（千克）
甲牛	540.6	0.51	318	83.86	8.0
乙牛	596.8	3.05	341	83.86	9.0

将数据代入出肉率计算公式，计算得出肉率：甲牛为 49.5%，乙牛为43.6%；出肉量则分别为甲牛157.4千克，乙牛147.8千克，甲牛比乙牛高9.6千克。将数据代入胴体数量等级计算公式，计算得数量等级：甲牛胴体为2.14，乙牛胴体为5.29。可见尽管乙牛活重和胴体重均高于甲牛，但由于甲牛数量等级高，可切割肉率和肉量多，因此，其价格和销售收入都要高于乙牛。

3. 胴体分割方法

胴体的不同部位，肉的品质亦不相同。根据肉质等级不同，可分为高档部位肉、优质部位肉和中低档部位肉。肉牛选种育种上要求胴体质量高的部

位比例应尽量多；肉牛饲养育肥上采用标准化、规范化和较高饲养水平的目的之一，也是为了增加胴体上质量高部位的比例；高档优质牛肉生产更是视此为唯一目标。对胴体的切块方法，不同国家因习惯而不同。半胴体的基础分割肉共13块：

里脊（又称牛柳，即腰大肌）、外脊（又叫西冷）、眼肉、上脑、嫩肩肉、臀肉、膝圆、大米龙、小米龙、腰肉、胸肉、腹肉、腱子肉。

高档牛肉一般指屠宰等级1等、胴体等级精选以上，数量等级二等以上胴体所产的牛柳、西冷、眼肉3个部分。目前，国内各星级饭店、宾馆的实际要求标准为牛柳2.0千克以上，西冷5.0千克以上，眼肉6.0千克以上。

优质牛肉包括：大米龙、小米龙、臀肉、膝圆、腰肉、嫩肩肉和腿肉。

三、活牛分级与胴体分割

牛肉胴体分割法如图5-5、图5-6所示。

1. 牛柳

即里脊（图5-7），也称腰大肌。分割时先剥去脂肪，然后沿耻骨前下方把里脊剔出，再由里脊头向里脊尾逐个剥离腰肌横突，取下

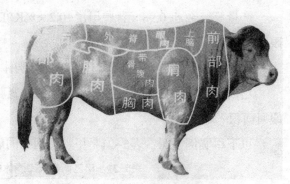

图5-5　牛肉分割活体部位示意图

图5-6　牛肉胴体分割部位示意图

完整的里脊。

2. 外脊

也称西冷（图5-8），主要是背最长肌，分割步骤为：①沿最后腰肌切下；②沿眼肌腹壁侧（距离眼肌5～8厘米）切下；③在第12～13胸肋处切断胸椎；④逐个把胸、腰椎剥离。

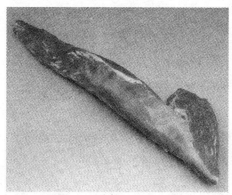

图5-7　牛柳（里脊）

图5-8　外脊（也称西冷）

3. 眼肉

主要包括背阔肌、肋最长肌、肋间肌，其一端与外肌相连。分割时先剥离胸椎，在眼肌腹侧距离为8～10厘米处切下（图5-9）。

4. 上脑

主要包括背最长肌、斜方肌等，其一端与眼肉相连，另一端在最后胸椎处。分割时剥离胸椎，去除筋腱，在眼肉腹侧距离6～8厘米处切下（图5-10）。

图5-9　眼肉

图5-10　上脑

5. 胸肉

主要包括胸升肌和胸横肌等，在剑状软骨处，随胸肉的自然走向剥离，修去部分脂肪即成一块完整的胸肉。

6. 嫩肩肉

分割时循眼肉横切面的前端继续向前分割，可得一圆锥形的肉块，即嫩肩肉。

7. 大米龙

主要是臀股二头肌，与小米龙相连，故剥离小米龙后，大米龙就完全暴露。顺着该肉块自然走向剥离，便可得一块完整的四方形肉块（图5-11）。

8. 小米龙

主要是半腱肌，位于臀部，当牛后腱子取下后，小米龙肉块处于最明显位置。分割时可按小米龙肉块的自然走向剥离（图5-12）。

图5-11　大米龙　　　　　　　　　图5-12　小米龙

9. 臀肉

主要包括半膜肌、内收肌、股薄肌等。分割时把大米龙、小米龙剥离后可见一肉块，沿其边沿分割即可得到臀肉。也可沿着被切开的盆骨外沿，沿着本肉块边沿分割（图5-13）。

图5-13　臀肉

10. 腰肉

主要包括臀中肌、臀深肌、股阔筋膜张肌，在臀肉、大米龙、小米龙、膝圆取出后，剩下的一块肉便是腰肉。

11.膝圆肉

主要是臀股四头肌。当大米龙、小米龙、臀肉取下后，可见到一长圆形肉块，沿此肉块周边分割，即可得到一块完整的膝圆肉（图5-14）。

图5-14　膝圆（和尚头）肉

12.腹肉

主要包括肋间内肌、肋间外肌等，也即肋排。分无骨肋排和带骨肋排，一般包括4～7根肋骨（图5-15和图5-16）。

图5-15　腹肉

图5-16　带骨腹肉

13.腱子肉

分前后两部分，主要是前肢肉和后肢肉。前牛腱从耻骨端下刀，剥离骨头；后牛腱从胫骨上端下刀，剥离骨头取下（图5-17、图5-18、图5-19）。

图5-17　腱子肉

图5-18　T骨牛排

四、我国肉牛屠宰测定方法

1. 屠宰牛数量的确定

在进行屠宰率测定时，为了能获得可靠的试验数据，必须要有一定的试验头数来保证，现初步规定：

单组试验头数，最少不低于4头。

组间对比试验头数，不低于6头，以使方差检验自由度不少于5。

图5-19　小牛腱切片

试验群的屠宰个体选择，应采用随机抽样的方法，通过查阅随机数字表来确定。

2. 试验牛屠宰前的要求

屠宰方法直接影响到宰后胴体的品质和产肉性能的计算。以往家畜屠宰前都进行断食，但饥饿本身不利于家畜的正常生理活动，为了既能真实地反映家畜体重且屠宰时操作方便，又尽可能减少饥饿本身的不利影响，因此，屠宰前24小时停止饲喂和放牧时，必须保持家畜有安静的环境和充足的饮水，直至宰前8小时停止供水。

3. 屠宰前评膘等级

（1）特等　全身肌肉丰满，外形匀称。胸深厚，背脂厚度适宜，胛圆和肩合成一体，背、腰、臀部肌肉肥厚，大腿丰满，并向外突出和向下延伸。

（2）一等　全身肌肉较发达，肋骨开张，肩肋接合较好略显凹陷，臀部肌肉较宽平而圆度不够，腿肉充实，但外突不明显。

（3）二等　全身肌肉发育一般，肥度不够，胸深欠深，肋骨不甚明显，臀部肌肉较多，尾部短，后腿之间宽度不够。

（4）三等　肌肉发育较差，肋骨脊骨明显，背窄、胸浅、臀部肌肉较少，大腿消瘦。

（5）四等　各部关节外露明显，骨路长而细，体躯浅，臀部塌陷。

4. 屠宰规格和要求

（1）放血　在颈下缘喉头部割开血管放血（称大抹脖）。

（2）去头　剥皮后，沿头骨后端和第一颈椎之间切断。

（3）去前肢　由前臂骨和腕骨间的腕关节处切断。

（4）去后肢　由腔骨和腑骨间的跗关节处切断。

（5）去尾　尾根部第1节至第2节之间切断。

（6）内脏剥离　沿腹侧正中线切开，纵向锯断胸骨和盆腔骨，切除肛门和外阴部，分离连结体壁的横隔膜。除肾脏和肾脂肪保留外，其他内脏全部取出。切除阴茎、睾丸、乳房。

（7）胴体分割　纵向锯开胸骨和盆腔骨，沿椎骨中央分成左右片胴体（称二分体）。无电锯条件下，可沿椎体左侧椎骨端由前而后劈开，分为软硬两半（右侧为硬半，称右二分体，左侧为软半，称左二分体）（后详）。

（8）半片胴体的分割　由腰部第12根与第13根肋骨间截开（称四分体）。

5. 各项指标的说明和测量方法

（1）宰前活重　绝食24小时后临宰时的实际体重。

（2）宰后重　屠宰后血已放尽的胴体重量。.

（3）血重　实际称重。

（4）皮厚　右侧第10肋骨椎骨端的厚度被2除（活体测量）。

胴体需倒挂冷却4~6小时（在0~4℃），然后按部位进行测量、记重、分割、去骨（在严寒条件下冷却时间以胴体完全冷却为止，严防胴体冻结）。

（5）胴体重（冷胴体）　实测重量。

由活重－〔血重+皮重+内脏重（不含肾脏和肾脂肪）+头重+腕跗关节以下的四肢重+尾重+生殖器官及周围脂肪〕后的冷却胴体。

（6）净肉重　胴体剔骨后全部肉重（包括肾脏等胴体脂肪）骨上带肉不超过2~3千克。

（7）骨重　实测重量。

（8）胴体长　耻骨缝前缘至第1肋骨前缘的最远长度。

（9）胴体胸深　自第3胸椎棘突的体表至胸骨下部的垂直深度。

（10）胴体深　自第7胸椎棘突的体表至第7肋骨的垂直深度。

（11）胴体后腿围　在股骨与胫腓骨连接处的水平围度。

（12）胴体后腿宽　自去尾处的凹陷内侧至大腿前缘的水平宽度。

（13）胴体后腿长　耻骨缝前缘至飞节的长度。

（14）肌肉厚度

①大腿肌肉厚：自体表至股骨体中点垂直距离。

②腰部肌肉厚：自体表（棘突外1.5厘米处）至第3腰椎横突的垂直距离。

（15）皮下脂肪厚度

①腰脂厚：肠骨角外侧脂肪厚度。

②肋脂厚：12肋骨弓最宽处脂肪厚度。

③背脂厚：在第5～6胸椎间离中线3厘米处的两侧皮下脂肪厚度。

（16）眼肌面积　第12肋骨后缘处，将脊椎锯开，然后用利刀切开12～13肋骨间，在12肋骨后缘用硫酸纸将眼肌面积描出（测2次），用求积仪或用方格透明卡片（每格1厘米）计算出眼肌面积。

（17）眼肌等级评定　根据脂肪分布和大理石状的程度按9级评定标准进行，将评定等级提高一级计算。

（18）半片胴体横断面测定　12～13肋断开。

①胸壁厚度：12肋骨弓最宽处。

②断面大弯部：12脊椎骨的棘突体表至椎体下缘的直线距离。

（19）皮下脂肪覆盖度　一级，90%以上；二级，89%～76%；三级，75%～60%；四级，60%以下。

（20）9～10～11肋骨样块　在第8及第11肋骨后缘，用锯将脊椎锯开，然后沿着第8及第11肋骨后缘切开，与胴体分离，取下样块肌肉（由椎骨端至肋软骨）作化学分析样品。

（21）非胴体脂肪　包括网膜脂肪、胸腔脂肪、生殖器脂肪。

（22）胴体脂肪　包括肾脂肪、盆腔脂肪、腹膜和胸膜脂肪。

（23）消化器官重（无内容物）　包括食道、胃、小肠、大肠、直肠。

（24）其他内脏重　分别称量心、肝、肺、脾、肾、胰、气管、横隔膜、胆囊（包括胆汁）和膀胱（空）。

（25）肉脂比　取12肋骨后缘断面、测定其眼肌最宽厚度和上层的脂肪最宽厚度之比。

（26）肉骨比　胴体中肌肉和骨骼之比。

（27）屠宰率　屠宰率=胴体重/宰前活重×100%。

（28）净肉率　净肉率=净肉重/宰前活重×100%。

（29）胴体产肉率　胴体产肉率=净肉重/胴体重×100%。

（30）熟肉率　取腿部肌肉1千克，在沸水中，煮沸120分钟，测定生熟肉之比。

（31）品味取样　取臀部深层肌肉1千克，切成2立方厘米小块，不加任何调料，在沸水中煮70分钟（肉水比1∶3）。

（32）优质切块　优质切块=腰部肉+短腰肉+膝圆肉+臀部肉+后腿肉+里脊肉。

6. 胴体质量的综合评定

胴体质量的评定，主要根据胴体最低重量、胴体外观、肉质评定等进行。

（1）胴体最低重量　暂以1岁半出栏为标准，净肉率在37%~42%。

① 特等：净肉147千克（活重350千克，净肉率42%）。

② 一等：净肉120千克（活重300千克，净肉率40%）。

③ 二等：净肉97.5千克（活重250千克，净肉率39%）。

④ 三等：净肉81.4千克（活重220千克，净肉率37%）。

⑤ 四等：活重在200千克以下，净肉率低于37%。

以上等级标准今后有待调整。

（2）外观评定

① 胴体结构：观察胴体整体形状，外部轮廓，胴体厚度、宽度和长度。

② 肌肉厚度：要求肩、背、腰、臀等部位肌肉丰满肥厚。

③ 脂肪状况：要求皮下脂肪分布均匀，覆盖度大，厚度适宜，内部脂肪较多，眼肌面积大。

④ 放血充分：无疾病损伤，胴体表面无污染和伤痕等缺陷。

（3）肉质评定

① 胴体切面：观察眼肌中脂肪分布和"大理石"状的程度，以及二分体

肌肉露出面和肌肉中脂肪交杂程度。

②肌肉的色泽：要求肌肉颜色鲜红、有光泽（颜色过深和过浅均不符合要求），肌纤维的纹理较细。

③脂肪质地：以白色、有光泽、质地较硬、有黏性为最好。

④品尝：品尝其鲜嫩度、多汁性、肉的味道和汤味。

⑤化学分析：取9-10-11肋骨样块的全部肌肉做化学分析样品（不包括背最长肌），测定其蛋白质、脂肪、水分、灰分。

现列举牛腰肉成分表以衡量参考（表5-22）。

表5-22　牛腰肉成分与肥度的关系

肥度	水分（%）	脂肪（%）	蛋白质（%）	灰分（%）	热量（焦/千克）
瘦	64	16	18.6	1.0	920
中等	57	25	16.9	0.8	1213
肥	53	31	15.6	0.8	1422
很肥	44	43	12.8	0.6	1841

第六章　牛病诊疗技术

第一节　牛的接近与保定

一、牛的接近

牛的性情温顺而倔强。牛作为大家畜，接近病牛与实施检查、诊断，首先要考虑人、畜安全。牛对饲养员、挤奶员的一般表现比较温顺，而对陌生人员则比较倔强。一般接近时，可投以温和的呼声，即先向牛发出一个善意接近的信号，然后再从牛的侧前方慢慢接近。接近后用手轻轻抚摸牛的颈侧，逐渐抚摸到牛的臀部。给牛以友好的感觉，消除牛的攻击心态。使其安静、温顺，以便进行检查。接近牛时最好由饲养员在旁边进行协助，当牛低头凝视时一般不要接近。同时事先应向饲养员了解牛平时的性情，是否胆小、易惊，是否有踢人、顶人的恶癖。

二、牛的保定

保定的目的是在人、畜安全的前提下，防止牛的骚动，便于疾病的检查与处置。

1. 简易保定法

（1）徒手握牛鼻保定法　在没有任何工具的情况下，先由助手协助提拉牛鼻绳或鼻环，然后术者先用一手抓住牛角，另一只手准确快捷地用拇指和食指、中指捏住牛的鼻中隔，达到保定之目的。多在注射及一般检查时应用（图6-1）。

图6-1　徒手保定法

（2）牛鼻钳保定法　与徒手握牛鼻保定方法相似，将牛鼻钳的两钳嘴替代手指抵入牛的两鼻孔，迅速夹紧鼻中隔，用一手或双手握持。亦可用绳拴紧钳柄固定。适用于注射或一般检查应用（图6-2）。

157

（3）捆角保定法　用一根长绳拴在牛角根部，然后用此绳把角根捆绑于木桩或树上保定。为防止断角，可再用绳从臀部绕躯体一周拴到桩上。适用于头部疾病的检查和治疗（图6-3）。

图6-2　牛鼻钳保定法　　　　　　　　图6-3　捆角保定法

（4）后肢保定法　用一根短绳在两后肢跗关节上方捆紧，压迫腓肠肌和跟腱，防止踢动。适用于乳房、后肢以及阴道疾病的检查和治疗（图6-4）。

2.柱栏内保定法或站立保定法

（1）单柱颈绳保定法　将牛的颈部紧贴于单柱，以单绳或双绳做颈部活结固定。适用于一般检查或直肠检查（图6-5）。

（2）两柱栏保定法　将牛牵至于两柱栏的前柱旁，先用颈部活结使颈部固定在前柱的一侧，再用一条长绳在前柱至后柱的挂钩上做水平缠绕，将牛围在前、后柱之间，然后用绳在胸部或腹部做上下、左右固定。最后分别在鬐甲和腰上打结固定。适用于

图6-4　后肢保定法

图6-5　单柱颈绳保定法

修蹄以及瘤胃切开等手术时保定
（图6-6）。

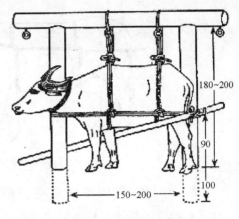

（3）四柱栏（或六柱栏）保
定法　用四根木柱，前后两柱间用
横木连接，于前柱前方设一栏柱，
前后柱上各设有可移动的横杆，穿
过柱上的铁环，以控制牛的前后移
动。保定时先将前柱的横杆栏好，
再将牛由后方牵入柱栏内，将头固
定于单柱上，最后装上后柱上的横

图6-6　二柱栏保定法

杆以及吊胸、腹绳。四柱栏保定比较牢固，适用于各种检查和治疗，是最常
用的保定方法。但由于两边都有栏杆，会遮挡部分躯体部位的处置（图6-7、
图6-8）。

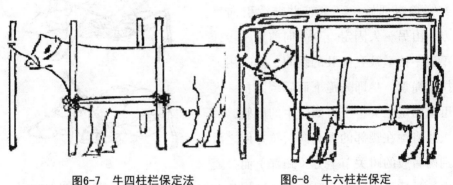

图6-7　牛四柱栏保定法　　　　图6-8　牛六柱栏保定

3. 倒卧保定法

（1）背腰缠绕倒牛法　用一根长绳，在绳的一端作一个较大的活绳圈，
套在两个角的基部，将绳沿非卧侧颈部外面和躯干上部向后牵引，在肩胛骨
后沿处环胸绕一圈做成第一绳套，继而向后引至肷部，再环腹一周（此套应
放至乳房前方，避免勒伤乳房）做成第二绳套。由两人慢慢向后拉绳的游离
端，由另一人把持牛角，使牛头向下倾斜，牛立即蜷腿而慢慢倒下。牛倒卧
后，一定要固定好头部，不能放松绳端，否则牛易站起。固定好后，方可实
施检查或处置。此法适用于外科手术（图6-9）。

图6-9　背腰缠绕倒牛法

（2）拉提前肢倒牛法　将一根
8～10米长的圆绳折成一长一短的双叠，
在折叠部做一个猪蹄扣，套在牛的倒
卧侧前肢球节的上方（系部）。先将短
绳穿过胸下从对侧经背部返回由一人固
定，再将长绳端引向后方，在髋结节前
方绕腰腹部做一环套，并继续引向后
方，由另一人固定。令牛向前走一步，
正当牛抬举被套前肢的瞬间，同时用力
拉紧绳索，牛即先跪下而后倒卧，一人
迅速固定牛头，一人固定牛的后躯，一
人速将缠在腰部的绳套向后拉并使之滑
到两后肢的跗关节上方（跖部）而拉紧
之，最后将两后肢与卧地侧前肢捆扎在
一起。适用于会阴部外科手术等（图6-10）。

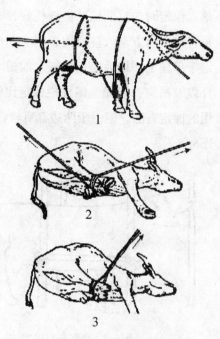

图6-10　提拉前肢倒牛法

第二节　牛病的临床诊断技术

一、临床诊断的基本方法

1. 问诊

即向饲养员调查，掌握有关病牛的发病情况、通过询问病情而诊断疾病的方法。问诊的内容包括以下几点：

（1）发病经过与治疗情况　向畜主了解病牛的发病时间、发病头数、症状变化，包括病牛的精神状态、食欲变化、饮水多少，粪便与反刍等异常情况。若同时发病头数多，且症状基本相似，则从传染病或中毒症方面分析；另外，还要问清楚诊治经过，如诊断为什么病，用过什么药，治疗多长时间，效果如何等，可作为诊断和用药参考。

（2）询问饲养管理情况　在饲养管理方面，要了解病前草料（种类、来源、品质、调制方法、配合比例等），饲养方法以及最近有无改变等。如草料调配过于单一，容易患代谢性疾病；草料质量不好，或饮喂方法不当，则易患胃肠疾病；霉变饲料容易引起中毒症等。同时要了解病牛的棚圈设施是否具备防暑御寒功能以及管理等方面的情况，奶牛冬季寒风侵袭，易患感冒；夏季通风不好，阴暗潮湿，易患风湿病。

（3）询问病牛来源与疫病流行情况　如果病牛是新购进的，要问清来自什么地方，并了解原在地区有无疫病流行，有无类似疾病发生，结合检查，可以考虑是否是传染病以及帮助判断病因。

（4）询问过去和现在的病情以及母牛的怀孕情况　即过去病牛曾患过什么病，经过如何，了解现病是否旧病复发，是否由于其他疾病继发引起（如急性支气管炎可由感冒继发）；了解母牛妊娠情况以及生产胎次、时间、曾否流产等，对产科和营养代谢疾病的诊断具有重要意义。

2.视诊

视诊或称望诊，其实质就是用肉眼观察病牛的状态，直观地了解诊断疾病。实践证明视诊是临床上最常用、最简单、最实用往往也是最有价值的检查疾病的方法。

视诊时，先不要靠近病牛，也不宜进行保定，尽量使牛保持自然姿态。检查者应距病牛2～3米外，围绕病牛进行全方位的观察。观察其全貌，然后由前到后，由左到右，边走边看；详细观察病牛的头、颈、胸、腹、脊柱和四肢。当至正后方位置时，对照观察两侧胸、腹部是否有异常，详细观察尾部、肛门以及会阴部有无异常。为观察运动过程及步态，可牵引病牛行走。最后接近病牛，仔细检查其外貌、姿势、运动、行为、被毛、皮肤、体表病变、可视黏膜以及某些生理活动情况、病牛所排出的分泌物、排泄物等。

视诊包括对病牛全身情况的检查和病症有关局部的检查，视诊时要注意病牛的精神状态、营养状况等整体外观情况。先获得整体概括的印象，然后再有重点地转入各部位观察，其顺序是头部、颈部、胸腰部、腹部、后臀部及四肢。某些疾病或当病情严重时一望即可确定诊断，如瘤胃鼓胀、产后瘫痪、胎衣不下等。

3. 闻诊

即通过听觉和嗅觉来分辨声音和气味的性质，而进行诊断的方法。闻诊常遇以下情况。

咳嗽：动物咳嗽常因外感或内伤引起。凡病牛咳嗽声音弱而气短的属虚，多为内伤或劳损；而声音洪大的属实，多为外感；想咳而不敢咳的，多为肺病；大声咳的，为肺气通而病轻；半声咳的为肺气滞而病重。

嗳气：嗳气是牛等反刍动物的一种特有的生理功能，若长时间听不到牛嗳气，多为瘤胃功能发生病变。

呻吟：呻吟是病牛在疾病过程中感到痛苦而发出的一种声音。一般病牛的呻吟声，多伴随其他症状而出现。如呻吟伴瘤胃鼓胀、呻吟伴肚腹疼痛、怀孕母牛在非预产期起卧呻吟，则多为流产象征。

气味：通过嗅觉判别牛患病的情况比较普遍，如酮血病牛呼出的气体或挤出的乳汁常带有大蒜味。有时在病变部位，用鼻嗅也有助于病源微生物的种类鉴别。如大肠杆菌感染的脓汁常有粪臭味；绿脓杆菌感染的脓汁呈绿色带腐草臭；厌气菌感染的脓汁一般具有奇臭味。

4. 触诊

即利用手指、手掌、手背、或拳头对牛体某部位进行病变检查。以手或手背接触牛的皮肤，感觉病牛体表的温度、湿度以及肌肉张力、脉搏跳动等；以手指进行加压或揉捏，判断局部病变或肿物的硬度；以刺激为手段，判断牛的敏感性；对内脏器官的深部触诊，可根据牛的个体特点、器官的部位和病变情况的不同而选用手指、手掌或拳头进行压迫、插入、揉捏、滑动或冲击的方法进行。

触诊时要注意安全，适当保定。当需要触诊牛的四肢以及腹下等部位时，应一手放在牛体的适当部位做支点，另一只手进行检查。

触诊病牛时，应从前向后、自上而下地边抚摸边接近欲检部位，切忌直接突然触摸病变部位；触诊力量由弱渐强，先轻后重，与对应健康部位进行对比，判断病变情况。

5. 叩诊

即用手指或小叩击锤、叩诊板叩打牛体某一部位，然后根据其发出的音响（清音、浊音、鼓音）来判断牛体脏器发生的病态变化情况。在一般情况下，肺部为清音；肌肉、肝脏、心脏为浊音；肝边缘为相对浊音区（半浊音），瘤胃膨气时为鼓音。牛多用叩诊法来检查胸部（肺的情况），腹部

图6-11　牛肺部叩诊区

（瘤胃情况）及肢蹄等部位的病变（图6-11）。图中1为胸侧肺脏叩诊区；2为肩前肺脏叩诊区；5、7、9、11、13表示肋骨数。

直接叩诊，直接在牛体表的一定部位叩击为直接叩诊。主要用于检查鼻旁窦以及牛的瘤胃，判断其内容物性状、含气量及紧张度。

间接叩诊，主要是指用叩击锤和叩击板进行叩诊。常由左手持叩诊板，将其紧密地置于要检查的部位上，右手持叩击锤，以腕关节做轴，将锤上下摆动并垂直地向叩诊板上连续叩击2～3次，以听取其音响。主要用于检查肺脏、心脏、胸腔的病变，肝脏、脾脏的大小、位置以及靠近腹壁的较大肠管的内容物性状。

叩诊时应注意叩击用力要均等、适度；为便于集音，叩诊最好在适当的室内进行；为了有利于听觉印象的积累，每一叩诊部位应进行2～3次间隔均等的同样叩击；叩诊板无须用强力压迫体壁，除叩诊板（指）外，其余不能接触牛体壁，以免影响震动和音响。叩诊锤或用做锤的手指在叩打后要很快离开；在相应部位进行对比叩诊时，应尽量做到叩击力量、叩诊板的压力以及牛的体位等都相同。

叩诊的基本音调有三种：清音（满音），如叩击正常肺部发出的声音；浊音（实音），如叩击后层肌肉发出的声音；鼓音，叩击含气较多的瘤胃时发出的声音。在三种基本音调之间，可有不同程度的过渡音，如半浊音等。

6.听诊

应用听诊器听取病牛心脏、肺脏、喉、气管、胃肠等器官在活动过程中所发出的音响，再以其音响的性质判断某些器官发生的病态变化情况。

听诊应在安静时进行；听诊器的两耳塞与外耳道相接应松紧适当；听诊器集音头要紧密地放在牛

图6-12　牛的听诊区

体表的检查部位，并要防止滑动；听诊器的胶管不应交叉，也不要与手臂、衣服、动物被毛等接触、摩擦，以免发生杂音（图6-12）。

二、一般临诊检查程序与内容

一般检查主要是利用视诊、触诊、听诊、叩诊等方法，检查牛的全身状态，测定牛的体温、脉搏和呼吸次数，检查被毛、皮肤、可视黏膜以及体表淋巴结等。

1. 全身状态观察

观察病牛的全身状态，包括其精神状态、发育情况、营养状况、体格、姿势与步态等。

（1）精神状态　根据其耳的活动，眼的表情，其各种反应、举动，判断病牛的神态。正常牛反应为机敏、灵活。

（2）营养、发育与体格结构　观察牛体肌肉的丰满度、皮下脂肪的蓄积量、皮肤与被毛状况，判定牛的营养状况；根据牛的体长、体高、胸围等体尺判定发育情况；根据病牛的头、颈、躯干以及四肢、关节各部位的发育情况和形态、比例关系，判定躯干状况。

（3）姿势与步态　观察病牛的站立姿势和行走步态，根据姿态特征，判断发病部位等病变情况。

（4）被毛和皮肤检查

①鼻镜检查：健康牛鼻镜湿润，附有较多的小水珠，触之有凉感。患病时鼻镜干燥、增温。严重者甚至出现龟裂。

②被毛检查：健康牛的被毛平顺而有光泽，每年春秋两季脱换新毛。营养不良或慢性消耗性疾病时，常表现被毛蓬松粗乱、无光泽、易脱落或换毛季节推迟；湿疹或毛癣、疥癣等皮肤病，常表现局部被毛脱落。

当病牛下痢时，肛门附近、尾部、后肢等会被粪便污染。

③皮肤检查：采用视诊和触诊相结合进行。主要检查皮肤的温度、湿度、弹性以及疹疱等病变。

温度：常用手背触诊检查皮温，可检查鼻镜（正常时发凉）、角根（正常时有温感）、胸侧及四肢。

热性病时常表现全身皮温升高；局部发炎常表现局限性皮温增高；因衰竭、大出血、产后瘫痪等病理性体温过低时，则表现全身皮温降低；局部水肿或外周神经麻醉时，常表现为一定部位的冷感；末梢循环障碍时，则皮温分布不均，而耳根、鼻端、四肢末梢冷厥。

湿度：采用观察和触诊检查。

皮肤湿度，与汗腺分泌活动相关。少量出汗时，触诊耳根、肘后、鼠蹊部有湿润感；出汗较多时可见汗液滴流。

当发热、剧痛、有机磷中毒、破伤风、伴有高度呼吸困难的疾病时常会出汗。当牛虚脱、胃肠或其他内脏破裂以及濒死期时，则多出大量冷汗且有黏腻感。

弹性：检查皮肤弹性的部位，在最后肋骨后部，检查方法是将该部皮肤作一皱襞后再放开，观察其恢复原态的情况。健康牛放手后，立即恢复原态；牛营养不良、失水以及患皮肤病时，皮肤弹性降低，表现为放手后恢复较慢。

丘疹、水疱及脓疱：多发于体表被毛稀少部位，主要检查眼、唇周围及蹄部、趾间等部位。

2. 体温、脉搏、呼吸数测定

（1）体温　体温即牛身体的温度，牛属于恒温动物，健康成年牛

体温的正常值为38.0～39.0℃，平均为38.5℃，变动范围37.5～39.5℃。犊牛体温略高，正常生理指标为38.5～39.5℃，平均为39.0℃，变动范围38.3～40.0℃。牛的正常体温同样受各种因素的影响，昼夜中略有变动，一般是早晨略低，下午偏高，变动范围0.5～1.0℃。在天热日晒或驱赶运动之后体温会升高1.0℃左右。奶牛的正常体温天热较天寒时高、采食后较饥饿时高、妊娠末期较妊娠初期略高。但一般均不超过变动范围的上限。一般来说，牛的体温高出或低于正常生理指标的变动范围，说明染上了某种疾病。

①牛体温测量：虽然有经验的畜牧兽医人员可以凭借经验通过触摸牛的耳、鼻、角及四肢来了解牛的体表温度的大致变化程度，但是，条件许可的情况下，采用兽用体温计测量更为准确。测量方法：兽用体温计后部带有尾环或尾凹，先在体温计的尾环或尾凹处系上一根约20厘米长的细线绳，绳的另一端系上一个文具铁夹（图6-13、图

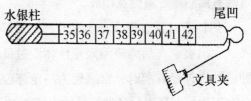

图6-13　兽用体温计

6-14）。测量体温前，把牛适当保定，然后先将体温计的水银柱甩至36℃以下，在体温计前端（水银柱端）涂以润滑剂（石蜡油或肥皂水），左手提起牛尾，右手将体温计插入牛的肛门，将系绳的文具夹拉向尾根左侧或右侧臀部上方夹住被毛固定。经过3～5分钟后，取

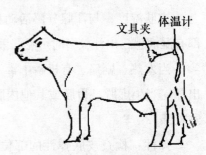

图6-14　牛的体温测量

出体温计，读取温度数值。如超出正常生理指标，叫发热和发烧；若低于正常体温范围，称体温低下。牛的体温发热或低下，都是判断牛是否处于健康状态的一个重要标志。

②体温的病理变化：按体温变化以及发热程度分为体温低下、低热（微热）、中热、高热、超高热。

病理性体温低下：临床上并不多见。体温低下常发生于产后瘫痪以及某

些中毒病等。

低热：超过正常体温0.5~1.0℃。一般内科、外科、产科病多呈微热。

中热：超出正常体温1.0~2.0℃。严重感染疾病时多呈中热，例如卡他性肺炎、急性胃肠炎、子宫炎等。

高热：超过正常体温2.0~3.0℃。多见于急性、烈性传染病。

超高热：超过正常体温3.0℃以上。多见于炭疽、日射病、热射病等。

另外，按热型又分为暂时热、稽留热、弛张热、间歇热。

暂时热：只发热1~2天，就慢慢下降恢复。常见于防疫注射以后。

稽留热：属中热或高热，持续多日不退，每日波动范围在1.0℃以内。多见于焦虫病等。

弛张热：属中热或高热，早晚相差1.0℃以上，多见于败血症、卡他性肺炎等。

间歇热：发热期与不发热期交替出现，如钩端螺旋体病，部分慢性传染病以及由急性转为慢性的疾病，热度不高，但持续时间长，如牛结核病等。

（2）脉搏 脉搏是指牛心脏的跳动，又叫心跳。心脏每跳动（收缩）一次，即向主动脉输送一定量的血液，这时因血压使动脉管壁产生了波动，即称脉搏。

正常情况下，脉搏反映了动物心脏的活动情况以及血液循环情况。动物的心跳与脉搏是一致的。健康牛脉搏的正常生理指标为每分钟40~80次，犊牛为80~110次。脉搏同样受许多因素的影响，一般来说，公牛（36~60次/分钟）较母牛慢，成牛较幼牛慢，冬季较夏季慢，早晨较下午慢，休息时较运动时慢。受惊时心跳大多加快，因而听心跳或诊脉时，要尽量使病牛安静，待喘息平定后再进行检查。

诊脉：牛的脉搏在尾动脉或颌外动脉（图6-15、图6-16）检查。其方法是：术者立于牛的正后方，左手抬起牛尾，用右手食、中二指或食、中、无名指轻压尾腹面正中尾动脉，感觉脉搏跳动。根据脉搏数或强弱度判别病理变化：

①频脉：即脉数过多，临床上较为多见。常与体温升高合并发生，一般体温升高1℃时，脉搏可增加8~10次，若体温下降而脉搏数反而增加，则属

预后不良。临床上见于热性病、剧痛性病、心脏衰弱、贫血、大失血、脑炎以及阿托品中毒等。

图6-15 牛颌外动脉诊脉法

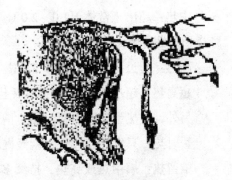

图6-16 牛尾动脉诊脉法

②稀脉：即脉数稀少、较少见。临床上常见于颅内压增高性疾病、尿毒症、严重中毒等。

在用听诊器听诊心跳时，将听诊器的聚音器置于第四肋间肘头上方2～3指处，可听取心脏活动的情况。通常在运动后，腹痛、炎症（发热）时心跳次数增加；而心脏功能异常时，心脏搏动节律发生改变；严重疾病如休克时，心跳弱而快。

（3）呼吸　动物机体通过呼吸，吸进新鲜氧气，呼出二氧化碳，进行气体交换，维持正常生命活动。健康成年牛呼吸的正常生理指标为每分钟12～28次，犊牛为30～56次。呼吸的次数增加或减少都是判断牛体是否患病的重要标志。

牛呼吸次数的检查，通常可通过观察牛腹部的起伏运动来确定。腹部的一起一伏即是一次呼吸。在冬季也可通过观察牛呼出的气体，呼出一次气流即是一次呼吸。也可以把手背放在牛鼻孔的前边，感觉呼出的气流，判定呼吸次数。采用听诊器在肺部听诊区进行听诊，可以得到准确的呼吸次数。

一般情况下，牛饱食或活动后以及天热、受惊、兴奋时，都可使呼吸次数增加，属正常生理现象。

①呼吸次数的病理变化：呼吸次数增加，临床上多见于肺、胸膜、隔膜、心脏、胃肠等炎性疾病；呼吸次数减少，临床不常见，有时发生于产后瘫痪、中毒症等，全麻使呼吸次数减少。

②奶牛的呼吸检查，不仅是要了解呼吸次数，而更重要的是检查呼吸式、呼吸节律、呼吸顺畅度、咳嗽等情况。

呼吸式：健康牛多为胸腹式呼吸。即吸气时胸廓和腹壁开张，呼气时胸廓和腹壁收缩。当呼吸偏于胸式或腹式则可认为是病态；

胸式呼吸：即呼吸时胸廓运动占优势，常发生于瘤胃臌气、膈肌破裂、腹膜炎等疾病；

腹式呼吸：即呼吸时腹壁运动占优势，多出现于胸膜炎、肺气肿等症。

呼吸节律：健康牛在吸气后，立即呼气，然后有一极短时间的休息而又吸气，有节奏地反复交替进行。发生疾病是呼吸节律改变，大致有下列几种情况：

一是断续呼吸：在吸气或呼气时，分裂成短促动作，常见于慢性肺泡气肿、胸膜炎以及其他伴有呼吸中枢兴奋降低的疾病（如产后瘫痪）；

二是大呼吸：呼气、吸气动作均显著地延长和加深，同时伴发呼吸次数减少，多见于深度麻醉、昏迷状态、脑水肿、沉郁性脑炎等，出现这种情况，多预后不良；

三是潮式呼吸：潮式呼吸的特征是经过短时间的停顿后，呼吸加深加快，达到最高点后，又渐变弱，转为停顿，周期性地反复发作。这是呼吸中枢兴奋性降低而引起的，多为预后不良。但在全麻情况下，出现的潮式呼吸，属正常现象。

呼吸困难：凡表现呼吸紧张、费力、且呼吸次数、呼吸式、呼吸节律均发生变化则为呼吸困难。如呼吸加快，鼻翼扇动，腹式呼吸，甚至肛门也随呼吸而抽动等。

肺源性呼吸困难，常由急性肺充血、大叶性肺炎、异物性肺炎、胸膜炎等疾病引起；

心源性呼吸困难：临床上常由心力衰竭引起；

中毒性呼吸困难：常见于有机磷农药中毒，黑斑病甘薯中毒等。

此外，天气闷热，高度贫血，上呼吸道狭窄等也可引起呼吸困难。

③咳嗽：咳嗽通常伴随呼吸困难，常见于异物性肺炎、大叶性肺炎等。咳嗽伴随发热，微热见于感冒、支气管炎、结核病等。中热常见于肺炎；高

热多见于传染病。

3. 可视黏膜检查

检查部位包括眼结膜、鼻黏膜、口腔黏膜、阴道黏膜等。检查应在自然光线充足的地方，但要避免光线直接照射。仔细观察黏膜有无苍白、潮红、发绀（红紫色或青紫色）、发黄以及有无肿胀、出血、溃疡等。

可视黏膜病变判断：

（1）眼结膜　眼结膜的正常颜色为淡红色。病变颜色有：

苍白：具有贫血的表征。多见于血胞子虫病、肝片吸虫病。当骤发性苍白时，大多是大出血、内出血（如肝、脾较大血管破裂等）。

潮红：具有充血的表征。常见于发热性疾病。如肺炎、胃肠炎以及传染病的初期。

发绀：具有淤血的表征。多见于中毒病。

发黄：具有黄染的表征。多见于焦虫病的重染期、钩端螺旋体病等。

炎性肿胀：常见于恶性卡他热等传染病。

（2）鼻黏膜　如果黏膜出现溃疡，出血，常见于炭疽病；牛传染性鼻气管炎可出现鼻黏膜潮红，呼气放出臭味。

（3）口腔黏膜　牛口腔黏膜充血和肿胀并有组织脱落时，多为局部刺激过甚的结果。正常牛口腔内没有难闻的气味。

口腔黏膜溃疡多见于溃疡性口膜炎、牛恶性卡他热等。

牛患口蹄疫，唇内面、齿龈、舌面等处可见大小不等的水疱，破裂后遗留浅烂斑和溃疡。

（4）阴道黏膜　阴道黏膜检查主要是判断生殖器官有无明显病变，以及生殖周期如发情、妊娠等阶段的确定。

4. 体表淋巴结检查

健康牛的淋巴结较小，而且深藏于组织内，一般难以摸到。临床上只检查位于浅表的少数淋巴结。主要检查其大小、形状、硬度、温度、敏感性以及移动性。当发现某一淋巴结病变时，还要检查附近的淋巴结。一般检查颌下淋巴结、肩前淋巴结、膝前淋巴结、腮腺淋巴结和乳房上淋巴结（图6-17）。

常见淋巴结病变有：

（1）急性肿胀　表现淋巴结体积增大、变硬，伴有热、痛反应。牛患泰勒氏焦虫病时全身淋巴结呈急性肿胀。偶有波动感，多见于炭疽。

（2）慢性肿胀　无热、痛反应，较坚硬，表面不平，向周围不易移动。常见于副鼻窦炎，结核病，以及牛淋巴细胞白血病等。

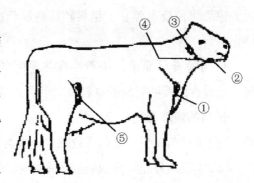

图6-17　牛的体表淋巴结
①肩前淋巴结　②颌下淋巴结　③腮腺淋巴结
④咽后淋巴结　⑤膝前淋巴结

5. 反刍

牛采食草料，一般不经充分咀嚼就咽入瘤胃。然后，大部分精饲料进入网胃，粗草粗料漂浮在网胃和瘤胃的上层液体内，随着瘤胃的运动，进行充分混合，揉搓、分解和浸泡，当牛饱食后休息时，草料借着网胃和瘤胃的混合运动，一部分又经食道返回口腔，进行充分的咀嚼，然后重新咽入胃内，这个过程称为反刍，也叫倒嚼。

反刍是牛消化饲草料的重要的生理功能。经过反刍，草料可以嚼细，咀嚼运动又可刺激动物唾液分泌。牛的唾液呈碱性（pH值为8.2），可以中和瘤胃内细菌作用产生的有机酸。使瘤胃维持中性环境（pH值为6～7），为瘤胃微生物生长和活动提供了适宜的条件。唾液还具有防止瘤胃内容物大量发生泡沫和导致膨胀的作用。而经反刍嚼细的草料食团重新咽入瘤胃后，可以增强瘤胃微生物和皱胃及小肠中消化酶与草料食团的接触面积，使之分解为食糜，便于营养物质的吸收。牛采食草料后，一般休息0.5～1.0小时后，开始反刍，每次反刍的持续时间为40～50分钟，有时可达1.5～2.0小时。每一食团咀嚼40～60次，每一昼夜反刍6～8次，每一天花在反刍上的时间为7～8小时。犊牛一昼夜反刍可达16次，每次持续时间15～30分钟。因此从上述反刍的生理规律可以看出，要使牛正常反刍，必须安排合理的饲喂次数和适当的休息时间。反刍开始的时间和次数通常与所采食草料的性质和牛所处的环境条件有关。如气温高时，反刍开始较晚，饮水可使之加快；安静俯卧时容易发生，惊恐可使反刍停止，粗料较精料反刍次数增多；前胃疾病时反刍减少或停止。

反刍检查很简单，一看牛在休息时的咀嚼情况，二看咀嚼后的吞咽情况；三看食团吞咽后新的草料食团沿食道逆行返回口腔再咀嚼的情况。

反刍的病理变化：

（1）反刍减少　反刍次数减少，多为前胃疾病初期；

（2）反刍停止　多为病症严重的标志。见于瘤胃积食、前胃鼓胀，前胃迟缓、真胃炎、重症传染病、产后瘫痪、酮血病以及中毒病等；

（3）反刍疼痛　其特点是在反刍及咀嚼时，呻吟不安，见于创伤性网胃炎。

6. 嗳气

嗳气是牛消化饲草料过程排出废气的一种特殊生理功能。牛的瘤胃内存在有大量的细菌、纤毛虫等微生物。在这些微生物的发酵作用下，草料中的粗纤维被大量分解，产生低级脂肪酸，供机体利用。同时也产生大量气体，主要是二氧化碳和沼气。这些气体部分被血液吸收由肺排出体外，部分被微生物利用，而部分由口腔排出。由口腔排出气体的过程，即称为嗳气。

嗳气是一个反射动作，是由于气体压迫瘤胃后背盲囊而引起。气体刺激瘤胃后背盲囊开始收缩，收缩波由后向前进行，气体被推向瘤胃前庭，同时由于网胃的迟缓，使喷门区的液体下降，喷门口也随之开张，这使气体被压迫进入食管，再经口腔而排出体外，称之嗳气。

健康牛每小时嗳气的生理指标为17～20次，可由视诊或听诊在左侧颈部食道检查出来，嗳气的频率决定于气体的产生量。采食粗饲料突然更换为潮湿青草时，会由于急剧发酵产生大量气体，而不能及时排出体外，就会形成急性瘤胃臌胀。因而，更换草料要逐渐进行，使瘤胃有一个适应过程。

嗳气的病理变化：

嗳气增多：见于瘤胃臌胀初期。

嗳气减少或微弱：多由于前胃机能减弱所致，见于前胃迟缓、瘤胃积食、臌胀以及热性病、传染病。

嗳气停止：见于重症瘤胃积食或臌胀，食道完全阻塞，若不采取急救措施，可能很快窒息死亡。

嗳气变成呕吐：若病牛头颈伸张，呻吟不安，后肢缩至腹部，腹肌发生痉挛性收缩，由口腔或鼻腔呕出大量粥状瘤胃内容物，见于瘤胃积食、瘤胃臌胀、真胃炎等。

7. 瘤胃蠕动

瘤胃是牛体内的饲料加工厂，牛进食饲草料中70%～80%可消化物质和50%粗纤维在瘤胃消化。因此瘤胃和网胃在牛的饲料消化中占有特别重要的地位。而在瘤胃内所进行的一系列消化过程中，微生物起着主导作用。而瘤胃的蠕动，是牛消化饲料的重要生理功能，起到机械性搅拌饲料的作用。从外部观察牛的左侧腹部，时有增大或缩小；用手掌或拳头抵压在左腹部可触觉瘤胃蠕动的强弱和硬度。健康牛瘤胃的蠕动力量强而持久，抵压时可以明显地感觉到瘤胃的顶起和落下。在左腹部听诊，由于瘤胃收缩和胃内容物的搅拌活动会产生出一阵阵的强大的沙沙声或远雷声，一般先由弱到强，再由强转弱直到消失。隔一会儿又重复发生。其生理指标为每分钟2～5次。每次蠕动的持续时间为15～25秒。一般计数5分钟的平均蠕动次数。正常情况下，饥饿时，瘤胃蠕动次数减少，饱食后2小时蠕动次数增多，4～6小时后渐减。瘤胃蠕动的减弱或消失，表明消化功能受到影响，是患病的一个常见的主要症状。

瘤胃蠕动的病理变化：

瘤胃蠕动减弱：见于前胃迟缓、瘤胃积食和某些传染病；

瘤胃蠕动消失：见于急性瘤胃臌胀、腹膜炎或临死期；

瘤胃蠕动的增强：见于急性瘤胃臌胀的初期或某些药物中毒。

三、健康牛的瘤胃内环境参数

牛采食饲草料的绝大多数在瘤胃内发酵，产生挥发性脂肪酸（VFA）、CO_2、氨（NH_3）以及合成菌体蛋白和B族维生素。在消化过程中瘤胃内环境参数是否为正常生理常数，是检查和治疗疾病的重要参考值。

1. 瘤胃内温度

39～41℃。

2. 瘤胃内pH值

通常维持于6～7，具体为5.5～7.5。

3. 瘤胃内微生物主要为嫌气型纤毛虫和细菌

每克瘤胃内容物中，约有细菌150亿～250亿个和纤毛虫60万～180万个，总体积约占瘤胃内容物的3.6%，其纤毛虫和细菌各占一半。

4. 对纤维素的分解作用

瘤胃微生物可以把纤维素分解成VFA，提供牛机体所需能量的60%～70%。VFA含量为90～150毫升/升。主要为三种酸，大体比例为：乙酸：丙酸：丁酸为70：20：10。

5. 对氨的利用

尿素在瘤胃内可以转化为氨，被微生物利用合成蛋白质。因而，通常可利用尿素替代日粮蛋白质的30%。但要科学配置，不能滥用。

6. 气体的产生与嗳气

瘤胃微生物发酵饲料一昼夜可产生气体600～1 300升，主要是二氧化碳和甲烷。正常情况下，二氧化碳占50%～70%，甲烷占20%～45%。间有少量的氢、氧、氮和硫化氢等气体。这些气体一部分被吸收经肺排出，一部分被微生物所利用，一部分则通过嗳气排出体外。正常情况下，牛每小时嗳气17～20次。

7. 瘤胃蠕动

休息时平均每分钟1.8次，进食时次数增多，平均每分钟2.8次，反刍时平均为2.3次/分钟。每次蠕动持续时间为15～25秒。

8. 反刍

饲喂后0.5～1.0小时出现反刍现象。每次反刍持续时间为40～50分钟，一昼夜反刍6～8次，昼夜累计反刍时间为6～8小时。犊牛三周龄后开始出现反刍。

第三节　牛病的处置技术

一、胃管插入术

插胃管时，要确实保定好病牛，固定好牛的头部。胃管用水湿润或涂

上润滑油类。先给牛装一个木制的
开口器，胃管经口即从开口器的中
央孔插入或经鼻孔插入，插入动作柔
和缓慢，到达咽部时，感觉有抵抗，
此时不要强行推进，待病牛发生吞咽
动作时，趁机插入食管。胃管通过咽
部进入食管后，应立即检查是否进入
食管，正常进入食管后，可在左侧颈

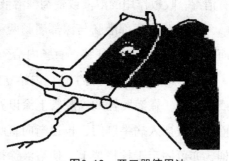

图6-18　开口器使用法

沟部触及到胃管，这时向管内吹气，在左侧颈沟部可观察到明显的波动，
同时嗅胃管口，可感觉到有明显的酸臭气味排出；若胃管误进入气管内，
细观察可发现管内有呼吸样气体流动，或吹气感觉气流畅通，则应拔出重
新插入；若发现鼻、咽黏膜损伤而出血，则应暂停操作，采用冷水浇头方
法，进行止血。若仍出血不止，应及时采取其他止血措施。止血后再行插
入（图6-18）。

二、洗胃、灌肠术

1. 洗胃术

洗胃主要用于治疗瘤胃积食以及排除胃内毒物。选用内径2厘米的胃管，
根据病情需要，备好洗胃用39～40℃温水、2%～3%碳酸氢钠溶液或1%～2%
食盐溶液或0.1%高锰酸钾溶液以及吸引器等。病牛施行柱栏内站立保定，施
行胃管插入术。插入胃管后，若不能顺利排出胃内容物，则在胃管的外口装
上漏斗，缓慢地灌入温洗液5～10升，当漏斗中洗胃液尚未完全流净时，令牛
低头，并迅速把漏斗放低，拔去漏斗，利用虹吸作用，把胃内腐败液体等从
胃管中不断吸出。如此反复多次，逐渐排出胃内大部分内容物。

冲洗后，缓慢抽出胃管，解除保定。

2. 灌肠术

灌肠是为了治疗某些疾病，向肠内灌入大量的药液、营养物或温水。使
药液或营养很快吸收或促进宿粪排出、除去肠内分解产物与炎性渗出物。

事先备好灌肠器、压力气筒、吊桶和灌肠溶液等。灌肠液常用微温水、
微温肥皂水、或3%～5%单宁酸溶液、0.1%高锰酸钾溶液、2%硼酸溶液等具

有消毒、收敛作用的溶液或葡萄糖溶液、淀粉浆等营养溶液。

灌肠分为浅部灌肠与深部灌肠两种。浅部灌肠仅用于排除直肠内积粪，而深部灌肠则用于肠便秘、直肠内给药或降温等。

（1）浅部灌肠　病牛柱栏内站立保定，并吊起尾巴。将灌肠液盛入漏斗或吊桶内，在灌肠器的橡胶管上涂以石蜡油或肥皂水，术者将灌肠器胶管的前端缓缓插入病牛肛门，再逐渐向直肠内推送，助手高举灌肠器漏斗端或吊桶，亦可固定于柱栏架上，使溶液徐徐流入直肠内。如流入不畅，可适当抽动橡胶管，注入一定液体后，牛便出现努责，让直肠内充满液体，再与粪便一起排出。如此反复进行多次，直到直肠内洗净为止。

（2）深部灌肠　深部灌肠即在浅部灌肠的基础上进行，但使用灌肠器的皮管较长，硬度适当（不过硬）。橡皮管插入直肠后，连接灌肠器，伴随灌肠液体的进入，不断将橡皮管内送。如用唧筒代替高举或高挂的灌肠器，液体进入肠道的速度就更快 。在边灌边把橡皮管内送的同时，压入液体的速度应放慢，否则会因液体的大量进入深部肠道，反射性刺激肠管收缩而把液体排出，或使部分肠管过度膨胀（特别在有炎症、坏死的肠段）造成肠破裂。

在灌肠过程中，随时用手指刺激肛门周围，使肛门紧缩，防止灌入的溶液流出。

灌肠完毕后，拉出胶管，解除保定。

三、导尿与子宫冲洗术

1. 导尿术

导尿主要用于尿道炎、膀胱炎治疗以及采取尿液检验等，即母牛膀胱过度充满而又不能排尿时，施行导尿术；做尿液检查而一时未见排尿，可通过导尿术采集尿样。

病牛柱栏内站立保定，用0.1%高锰酸钾溶液清洗肛门、外阴部，酒精消毒。选择适宜型号的导尿管，放在0.1%高锰酸钾溶液或温水中浸泡5～15分钟，前端蘸液体石蜡。术者左手放于牛的臀部，右手持导尿管伸入阴道内15～20厘米，在阴道前庭处下方用食指轻轻刺激或扩张尿道口，在拇指、中指的协助下，将导尿管引入尿道口，把导尿管前端头部插入尿道外口内；在两只手的配合下，继续将导尿管送入，约10厘米，可抵达膀胱。导尿管进入膀胱后，尿液会自然流出。排完尿液后，在导尿管后端连接冲洗器或100毫升注射器，注入温的冲洗药液，反复冲洗，直至药液透明为止。公牛导尿，可通过直肠穿刺进行。

常用的冲洗药液主要有生理盐水、2%硼酸溶液、0.1%～0.5%高锰酸钾溶液、0.1%～0.2%雷佛奴尔溶液、0.1%～0.2%石炭酸以及抗生素、磺胺类制剂等。

2. 子宫冲洗术

子宫冲洗主要用于治疗阴道炎和子宫内膜炎、子宫蓄脓、子宫积水等生殖道疾病。

冲洗前，应按常规消毒子宫冲洗器具。在没有专用子宫冲洗器的条件下，一般可采用马的导尿管或硬质橡皮管、塑料管代替子宫冲洗管。有条件的话，可采用胚胎采集管代替。用大玻璃漏斗或搪瓷漏斗代替唧筒或挂桶，消毒备用。

冲洗时，洗净消毒牛的外阴部和术者手、臂。通过直肠把握将导管小心地从阴道插入子宫颈内，或进入子宫体。抬高漏斗或挂桶，使药液通过导管徐徐流入子宫，待漏斗或挂桶内药液快完时，立即降低漏斗或挂桶位置，借助虹吸作用使子宫内液体自行流出。更换药液，重复进行2～3次，直至药液流出子宫时，保持原来色泽状态不变为止。为使药液与黏膜充分接触以及冲洗液顺利排出，冲洗时术者应一手伸入直肠，在直肠内轻轻按摩子宫，并掌握药液的流入与排出情况，并务必排完冲洗药液。建议隔日一次，每次备药量10 000毫升。冲洗次数不宜太多，以免导致"治疗性"不孕。

冲洗药液应根据炎症经过而选择。常用的有微温生理盐水、0.1%～0.5%高锰酸钾溶液、0.1%～0.2%雷佛奴尔溶液以及抗生素、磺胺类制剂等。

四、常用穿刺术

通过穿刺，可以获得病牛体内某一特定器官或组织的病理材料，作必要的现场鉴别或实验室诊断，确诊疾病。而当急性胃肠臌气时，应用穿刺排气，可以缓解或解除病症。

1. 瘤胃穿刺术

当瘤胃严重臌气时，导致呼吸困难，作为紧急治疗的有效措施就是实施

瘤胃穿刺术，排放气体，
缓解症状，创造治疗时机
（图6-19）。

穿刺部位在左肷部的
髋结节和最后肋骨中点连
线的中央。瘤胃臌气时，
取其臌胀部位的顶点。穿
刺时，病牛站立保定，术
部剪毛消毒，将皮肤切一
小口，术者以左手将局部

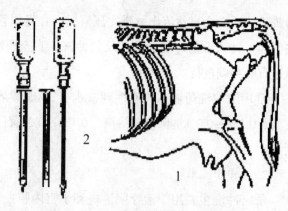

图6-19 牛瘤胃穿刺示意图
1.穿刺位点；2.套管针

皮肤稍向前移，右手持消毒的套管针迅速朝向对侧肘头方向刺入约10厘米
深；固定套管，抽出针芯，用纱布块堵住管口，施行间歇性放气，即使瘤
胃内的气体断续地、缓慢地排出。若套管堵塞，可插入针芯疏通或稍摆动
套管；排完气后，插入针芯，手按腹壁并紧贴胃壁，拔出套管针。术部涂
以碘酒。

为防止臌气继续发展，造成重复穿刺，必要时套管不要拔出，继续固
定，经留置一定时间后再拔出。若没有套管针，可用大号长针头或穿刺针
代替，但一定要避免多次反复穿刺，必要时，可进行第二次穿刺，但不宜
在原穿刺孔进行。排出气体后，为防止复发，可经套管向瘤胃内注入防腐
消毒剂等。

2. 胸腔穿刺术

一般用于探测胸腔有无积液并采集胸腔积液进行病理鉴定；排出胸腔内
的积液或注入药液以及冲洗治疗等。

病牛站立保定，针对病症要求选择穿刺侧别。左侧穿刺部位为第七肋间
胸外静脉上方、右侧穿刺部位为第六肋间胸外静脉上方，或肩关节水平线下
方2~3厘米处。术部剪毛、消毒，术者左手将术部皮肤稍向前移，右手持连
接胶管与注射器的16~18号针头沿肋骨前缘垂直刺入约4厘米，然后连接注射
器，抽取胸腔积液，术后严格消毒。

当无积液排出时，应迅速将附在针头上的胶管回转、折叠压紧，使管腔

闭合，防止发生气胸。

3. 腹腔穿刺术

腹腔穿刺术主要用于采集腹腔液鉴别诊断相关疾病，排出腹腔积液、腹腔注射药液以及进行腹腔冲洗治疗等。

实施腹腔穿刺术前，备好消毒套管针，若没有专用套管针，可选用16号针头代替。病牛站立保定，或后肢拴系保定。在脐与膝关节连线的中点，剪毛消毒术位，术者蹲下，右手控制套管针的刺入深度，由下向上垂直刺入，左手固定套管，右手拔出套管针芯。采集积液送检。术后常规消毒。

4. 膀胱穿刺术

膀胱穿刺一般是在尿道完全堵塞时，有膀胱破裂危险，而采取的临时性治疗措施，或用于公牛的导尿等（图6-20）。

病牛站立保定。按照直肠检查操作要领，首先充分排出直肠蓄粪，清洗消毒术者手臂，然后将装有长胶管的14～16号针头，握于手掌

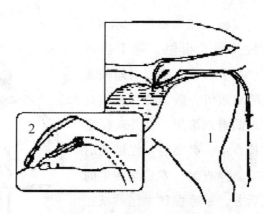

图6-20　牛膀胱穿刺示意图
1.穿刺部位；2.操作手法

中，术者手呈锥形，缓缓进入直肠，在膀胱充满的最高处，将针头向前下方刺入。并固定好针头，使尿液通过针头沿事先装好的橡胶管流出。待尿液彻底流完后，再把针头拔出，同样握于掌中，带出直肠。

5. 心包穿刺术

心包穿刺术主要用于采取心包液进行病理鉴定以及心包积脓时的排脓与清洗治疗。

术牛站立保定，并使病牛的左前肢向前伸出半步，充分暴露心区。在左侧第五肋间，肩端水平线下2厘米处，剪毛、消毒，一手将术部皮肤向前推移，一手持带胶管的16～18号长针头，沿第六肋骨前缘垂直刺入约4厘米，连接注射器，边抽边进针，至抽出心包液为止（图6-21）。

操作过程要谨慎小心，避免针头晃动或刺入过深，伤及心脏。进针过程或注药的换药过程都要把胶管折叠、回转压紧，保持管腔闭合，防止形成气胸。

五、直肠检查术

直肠检查是诊断疾病的重要手段，也是发情鉴定、妊娠诊断的主要技术措施（图6-22）。

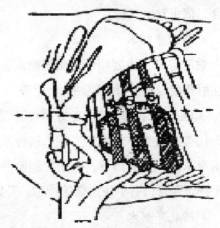

图6-21　心包穿刺部位示意图

实施直肠检查前，术者应剪短并磨光指甲，裸手检查时，在手和臂上涂以石蜡油或软肥皂水等，戴长臂手套检查时，润滑剂涂于手套外。保定被检查牛，必要时可先灌肠后检查。检查时，术者站在牛的正后方，一手握住牛尾并抵在一侧坐骨结节上，涂布润滑剂的一手，五指并拢，集成圆锥

图6-22　直肠检查示意图

形，穿越肛门并缓慢伸入直肠；刺激并配合牛的努责排出直肠蓄粪；对膀胱充满的牛，可抚摩膀胱促使排尿，牛出现努责时，手应暂时停止前进或稍微后退，并用前臂下压肛门，待直肠松弛后再行深入检查；手到达直肠狭窄部时，要小心判明肠腔走向，再徐徐向前伸入。检查时，应用指腹轻轻触摸被检查部位或器官；仔细判断脏器位置和形态。检查完毕后，手应慢慢退出直肠，防止损伤肠黏膜。在检查中或检查后，若发现肛门出血或粪便带血、手臂上沾有鲜血等，都是直肠损伤的可疑现象，应仔细检查，必要时可采取相应技术措施。

六、公牛去势术

公牛去势即摘除睾丸或人为破坏公牛睾丸的正常机能。使其失去分泌

和释放雄激素的功能或作用。公牛去势后，可使其性情变得温驯、乖巧、老实，便于日常管理。同时具有提高牛肉产品质量和风味的作用。然而，研究表明，雄激素与生长激素具有协同作用，因而不去势相对生长速度较快。权衡利弊，实践中可根据经营方式和产品目标确定是否去势以及去势时间（月龄）。笔者建议，繁育牛群即与母牛混群饲养的小公牛，以及幼牛育肥、生产特色牛肉小公牛应在6月龄左右去势；而生产优质牛肉的大型育肥场，公牛去势可避开快速生长期，推迟到18月龄左右去势。

公牛的睾丸位于阴囊之中，阴囊位于两后腿之间。阴囊的上部通常缩小为细而长的颈部。睾丸呈长椭圆形，纵轴垂直于阴囊内。附睾位于睾丸的后面。睾丸纵隔明显呈带状。

常用的去势方法可分为有血去势和无血去势两种。有血去势应在术前一周注射破伤风类毒素，或在术前一天注射破伤风抗毒素。去势时，对去势牛实施站立或横卧保定，术部消毒后，即可进行手术。一般不需要麻醉，必要时或为便于保定，术前可肌肉注射静松灵2～3毫升，也可进行局部皮下浸润麻醉或精索内麻醉。

1.有血去势法

术者左手握住阴囊颈部，将睾丸挤向阴囊底部，使阴囊壁紧张，按如下方法切开阴囊，摘除睾丸去势。

（1）纵切法　适用于成年公牛。在阴囊的后面或前面沿阴囊缝际两侧1～2厘米处做平行缝际的纵切口，下端达阴囊的底部，挤出睾丸，分别结扎精索后切除睾丸（图6-23）。

（2）横切法　适用于6月龄左右的小公牛去势。在阴囊底部做垂直阴囊缝际的横切口，同时切开阴囊和总鞘膜，睾丸露出后，剪断阴囊韧带，挤出睾丸，结扎精索，切除睾丸和附睾。

（3）横断法　俗称大揭盖。适

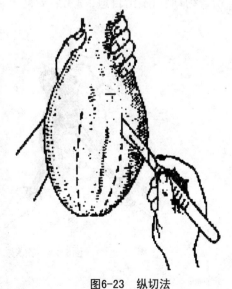

图6-23　纵切法

用于小公牛。术者左手握住阴囊底部的皮肤，右手持刀或剪刀，切除阴囊底部皮肤2～3厘米，然后切开阴囊总鞘膜，挤出睾丸，分别结扎精索后切除。

（4）挫切法　多用于小公牛。切开阴囊及总鞘膜，露出睾丸，剪断阴囊韧带，用锉刀钳剪断精索，除去睾丸（图6-24）。

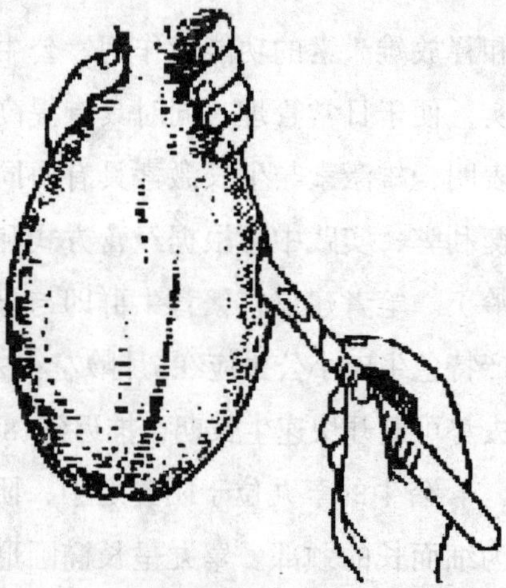

图6-24　挫切法

2. 无血去势法

无血去势法，适用于不同月龄的公牛去势。方法简便，节省材料，手术安全，可避免术后并发症。采用无血去势钳在阴囊颈部的皮肤上挫断精索，使睾丸失去营养而萎缩，达到去势之目的。

公牛栏内站立保定，常规消毒手术部位。用无血去势钳隔着阴囊皮肤夹注精索部，用力合拢钳柄，听到类似筋腱被切断的音响，继续钳压1分钟，再缓慢张开钳嘴；在钳夹的下方2厘米处，再钳夹一次；采用同样的方法夹断另一侧精索。术部皮肤涂布碘酒消毒。术后阴囊肿胀，可达正常体积的2～3倍，约1周后不治自愈，3周后睾丸出现明显变形和萎缩（图6-25）。

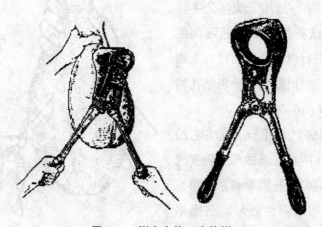

图6-25　钳夹去势　去势钳

也可用耳夹子式的两个木棍夹注阴囊颈部，使一侧睾丸的阴囊壁紧张，阴囊底朝上，用棒槌对准睾丸猛力捶打，将睾丸实质击碎，然后用手掌反复挤压，至呈粥状感。用同样的方法处理另一侧睾丸，也可达到去势的目的。处理后阴囊皮肤涂布碘酒消毒。这种方法去势后，阴囊极度肿大，需每天早晚牵引运动，一般经1个月左右，肿胀消失，睾丸萎缩。

七、去角术

牛的犄角是在野生状态下，用来防卫天敌的工具，驯养成家畜、人工饲养后便失去防卫的功能与作用。而角的弯曲会损伤眼部或其他软组织，复杂性角折治疗以及避免对人畜造成的损伤，都要求实施去角术。去角可采用以下几种方法：

1. 苛性钠去角法

于10日龄前，把牛放倒保定，剪去角周围的毛，在角周围皮肤上涂抹凡士林，用棒状苛性钠（钾）裹纸蘸水在角突上摩擦，直到皮肤发红但未出血为止。注意雨天不宜操作，要防止苛性钠被雨水冲入牛的眼睛。

2. 烧烫去角法

1月龄以内的犊牛可选用200～300瓦烙铁，烧烫角突部，烧焦角突部皮肤，即可烧坏角生长点。注意烙的时间应控制在1分钟以内，以免烧伤头部。

3. 钳子去角

采用专用去角钳，在角突基部距皮肤1.6厘米处剪去角突。对较大的角突，事先要进行消毒，并备好止血用纱布，剪除后要立即涂布消炎粉，并用纱布止血。适用于冬季或无蚊蝇季节实施。

八、修蹄术

牛的蹄病是影响奶牛使用年限的主要疾病之一。因而，修蹄、护蹄是养牛管理上的重要技术措施。修蹄是除去蹄部过长的角质，削去足底已经老化的角质，保护正常蹄形，预防和治疗蹄底腐烂等疾病的关键性技术手段。

1. 修蹄工具

应置备的修蹄工具主要有蹄铲、蹄钩刀、蹄锉、蹄钳、蹄修剪器以及蹄锯等，另外，还有修蹄凳、垫等附属器材。

2. 保定

修蹄前，首先要对被修蹄牛进行科学保定。一般采取柱栏内或牛栏内保定，用绳子把被修蹄提起，如系前蹄，则屈曲腕关节，如系后蹄，则按下列步骤进行保定：首先在跗关节上方打一个便于迅速解开的滑结，并在跟腱上拉紧；然后将绳子绕过牛臀部的梁，绳的游离端再在跗关节下方绕过，提举后肢；最后将绳子的游离端打结固定。当柱栏上方无横梁可利用时，蹄的保定可用绳环绕球节上向后拉。但要注意蹄应放在草捆上而抬起，避免向后拉时牛的剧烈骚动而造成损伤，以维护人畜安全。

3. 修蹄要点

修蹄前可将牛牵入浅水池中将蹄泡软，或用温热毛巾包裹蹄部，使蹄角质软化。修蹄时，先修整蹄壁，将蹄壁底缘有裂隙、损坏以及不平整的部分削掉，并修削平整；对于过长的蹄尖，可用蹄剪剪去，或用蹄锯锯掉后再修削平整。修削蹄壁和蹄尖时，要注意不修削过度，以避免牛因蹄底疼痛而不敢走路。修削蹄底是切去已经老化的灰色角质，但不能把老化的角质层全部削去，要留一薄层保护新生角质层。修削后的蹄底和蹄壁要用蹄锉锉至平整一致，蹄的外侧面稍长于内侧面，蹄尖稍高于蹄底。黑色腐烂的角质，无论深浅，都应用蹄刀尽力削除，并注意不损伤健康组织。清除腐烂的角质后，涂布松馏油或松馏油碘酊。

第四节　牛的投药、注射术

一、投药法

在牛病防治过程中，投药是最基本的防治措施。投药的方法很多，实践中应根据药物的不同剂型、剂量以及药物的刺激性和病情及其进程，选用不同的投药方法。

1. 液剂药物灌服法

适用于液体性口服药物。

灌药前准备：牛灌药，建议采用专用灌药橡皮瓶，若没有专用橡皮瓶，可使用长颈塑料瓶或长颈啤酒瓶，洗净后，装入药液备用；一般采用徒手保定，必要时采用牛鼻钳及鼻钳绳借助牛栏保定。

灌服时，首先把牛拴系于牛栏或牛桩上，由助手紧拉鼻环或用手抓住牛的鼻中隔，抬高牛头。一般要略高于牛背，用另一只手的手掌托住牛的下颌，使牛嘴略高。术者一手从牛的一侧口角伸入，打开口腔并轻压牛的舌头；另一只手持盛有药液的橡皮瓶或长颈瓶从另一侧口腔角伸入并送向舌背部；抬高灌药瓶的后部，并轻轻振抖，使药液流出，吞咽后继续灌服，直至灌完。

注意事项：药量较多，应分瓶次灌服，每瓶次药量不宜装的太多，灌服速度不宜太快。严禁药物呛入气管内，灌药过程中，如病牛发生强烈咳嗽时，立即暂停灌服，并使牛头低下，使药液咳出。

经口腔灌药，不同的灌药方法，会产生不同的效果。既可以往瘤胃内灌药，又可以往瓣胃以后的消化道灌药。一般若每次灌服少量药液时，由于食道沟的反射作用，使食道沟闭锁，形成筒状，而把大部分药液送入瓣胃；若一次灌入大量药液，则食道沟开放，药液几乎全部流入瘤胃。因而往瘤胃投药时，可用长颈瓶子等器具，一次大量灌服，或用胃管直接灌服；而目的在于往瓣胃内以及以后的消化道内投药时，则应少量多次灌服。

2. 片剂、丸剂、舔剂药物投药法

应用于西药以及中成药制剂。可采用裸手投药或投药器进行。

投药时一般站立保定。裸手投药法：术者用一手从一侧口角伸入，打开口腔，另一只手持药片（丸、囊）或用竹片刮取舔剂自另侧口角送入其舌背部。投药器投药法：事先将药品装入投药器内，术者持投药器自牛一侧口角伸入并直接送向舌根部，迅速将药物推出，抽出送药器，待其自行咽下。

裸手投药或投药器投药，在投药后，都要观察牛是否吞咽。必要时也可在投药后，灌饮少量水，以确保药物全部吞咽。

通过口腔投入抗生素、磺胺类药物等化学制剂时，应考虑到对瘤胃微生物群落的影响问题。四环素族抗生素以及磺胺类药物对瘤胃微生物群落的发育繁殖具有强烈的抑制作用，链霉素相对危害较轻。一般采用化学制剂灌服治疗之后，建议采用健康牛瘤胃液灌服，以接种瘤胃微生物群落。

3. 胃管投药法

多用于大剂量液剂药物或药品带有特殊气味，经口不易灌服，可采用胃管投药法。

按照胃管插入术的程序和要求，通过口腔或鼻孔插入胃管，将药物置于挂桶或盛药漏斗，经胃管直接灌入胃中（图6-26、图6-27）。

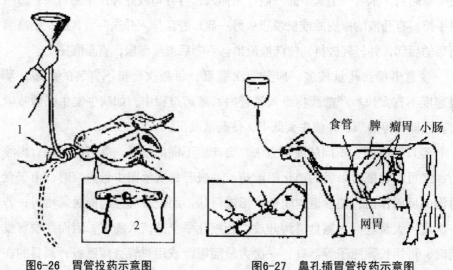

图6-26　胃管投药示意图　　　　图6-27　鼻孔插胃管投药示意图

患咽炎或明显呼吸困难的病牛，不能用胃管灌药。灌药过程引起咳嗽、气喘，应立即停止灌药。

二、注射法

注射法即借用注射器把药物投入病牛机体。注射是防治动物疾病常用的给药法。注射法分皮下注射、肌肉注射、静脉注射，是临床最常用的注射法。另外还有皮内注射、胸腔注射、腹腔注射、气管、瓣胃以及眼球结膜等部位注射。实践中根据药物的性质、剂量以及疾病的具体情况选择特定的方法进行注射。

器械准备：按照不同注射方法和药物剂量，选取不同的注射器和针头；检查注射器是否严密，针管、针芯是否合套；金属注射器的橡皮垫是否好用，松紧度调节是否适宜；针头是否锐利、通畅，针头与针管的结合是否严密。所有注射用具在使用前必须清洗干净并进行煮沸或高压灭菌消毒。

动物体准备：注射部位应先进行剪毛，消毒（先用5%碘酊涂擦、再用75%酒精）。注射后也要进行局部消毒。严格执行无菌操作规程。

药剂准备：抽取药液前，要认真检查药品的质量，注意药液是否混浊、沉淀、变质；同时混注两种以上药液时，要注意配伍禁忌。抽完药液后，要排除注射器内的气泡。

根据病牛的具体情况及不同的注射方法、治疗方案，采取相应的保定措施。

1. 皮内注射法

主要用于变态反应试验，如牛结核菌素变态反应试验。注射部位一般在颈部上1/3处或尾根两侧的皮肤皱襞处。采用1毫升注射器，小号或专用皮内注射针头。注射时，对注射部位剪毛消毒，以左手食指和拇指捏住注射部位皮肤，右手持注射器，在牢固保定的情况下，将针尖刺入真皮内，使针头几乎与注射皮面平行刺入。待针头斜面完全进入皮内后，放松左手，注入药液，使皮面形成一个圆丘即可。

皮内注射，要注意不能刺入太深，注射后不能按压，拔出针头后，不要再消毒或压迫。

2. 皮下注射法

皮下注射是将药液经皮肤注入皮下疏松组织内的一种给药方法。适用于药量少、刺激性小的药液。如阿托品、毛果芸香碱、肾上腺素、比赛可灵以及防疫（菌）苗等。刺激性大的药液、混悬液、油剂等由于皮下吸收不良，不能采用皮下注射。注射部位以皮肤较薄、皮下组织疏松处为宜。牛一般在颈部两侧，如药液量较多时，可分数处多部位注射。注射部位也可选在肘后或肩后皮肤较薄处。

皮下注射一般选用16号针头，注射时对注射部位剪毛消毒（用70%酒精或2%碘酊涂搽消毒），一般用左手拇指和食指捏起注射部位皮肤，使皮肤与针刺角度呈45°角，右手持注射器，或用右手拇指、食指和中指单独捏住针头，将针头迅速刺入捏起的皮肤皱褶内，使针尖刺入皮肤皱褶内1.5～2.0厘米深。然后松开左手，连接针头和针管，将药液徐徐注入皮下。

注意：分步操作，在连接针管时，要将盛药针管内的空气排净。

3. 肌肉注射法

是最常用的注射法，即将药液注入牛的肌肉内。动物肌肉内血管丰富，药液注入后吸收较快，仅次于静脉注射。一般刺激性较强、较难吸收的药液都可以采用肌肉注射法。如青霉素、链霉素以及各种油剂、混悬剂等均可进行肌肉注射。但对一些刺激性强烈而且很难吸收的药物，如水合氯醛、氯化钙、浓盐水等不能进行肌肉注射。

肌肉注射的部位一般选择在肌肉层较厚的臀部或颈部。使用16号针头，注射时，对注射部位剪毛消毒，取下注射器上的针头，以右手拇指、食指和中指捏住针头座，对准消毒好的注射部位，将针头用力刺入肌肉内，然后连接吸好药液的针管，徐徐注入药液。注射完毕后，拔出针头，针眼涂以碘酊消毒。

注意：一般肌肉注射时，不要把针头全长都刺入肌肉内，以防针头折断后不易取出。近年来多采用一次性塑料注射器，则不必拿下针头单独刺入，为动物注射给药提供了方便。牛肌肉、静脉注射部位（图6-28）。

图6-28　牛肌肉、静脉注射部位
①臀部肌肉注射部位
②颈部肌肉注射部位
③颈静脉注射部位

4. 静脉注射法

（1）静脉注射　静脉注射即把药液直接注入动物静脉血管内的一种给药方法。静脉注射，能使药液迅速进入血液，随血液循环遍布全身，很快发生药效。注射部位多选在颈静脉上1/3处。一般使用兽用16号或20号针头。保定好病牛，使病牛颈部向前上方伸直，注射部位剪毛消毒，用左手在注射部位下面约5厘米处，以大拇指紧压在颈静脉沟中的静脉血管上，其余四指在右侧相应部位抵住，拦住血液回流，使静脉血管鼓起。术者右手拇指、食指和中指紧握针头座，针尖朝下，使针头与颈静脉呈45°角，对准静脉血管猛力刺入，如果刺进血管，便有血液涌出，如果针头刺进皮肤，便没有血液流出。可另行刺入，针头刺入血管后，再将针头调转方向，即使针尖在血管内朝上，再将针头顺血管推入2～3厘米。松开左手，固定针头座，与右手配合连接针管。左手固定针管，手背紧靠病牛颈部做支撑，右手抽动针管活塞，见到回血后，将药液徐徐注入静脉。

注射完药液后，左手用酒精棉球压紧针眼，右手将针拔出，为防止针眼溢血，或形成局部血肿，在拔出针头后，继续紧压针眼1~2分钟，然后松手。

静脉注射，将药液直接送入血液，因而要求药液无菌、澄清透明，无致热原；刺激性强的药液，要注意稀释浓度，如果浓度过高，容易引起血栓性静脉管炎；注射时，严防药液漏至血管外，以免引起局部肿胀；保定要牢固，注射速度应缓慢。

（2）静脉吊瓶滴注　静脉吊瓶滴注即给牛输液。即通过静脉滴注的方法将药液直接输入静脉管内。临床上可以使用人用的一次性输液器代替过去的输液工具，免去了过去的吊瓶消毒、胶管老化等诸多麻烦。新的方法是：采用一次性输液器，兽用16号、20号粗长针头做输液针头，按治疗配方将使用的药液配装在500毫升的等渗盐水瓶中，或所需要的不同浓度的葡萄糖注射液（500毫升瓶）药瓶中，作为输液药瓶。将输液药瓶口朝下置入吊瓶网内。然后把一次性输液器从灭菌塑料袋中取出，把上端（具有换气插头端）插入输液药瓶的瓶塞内，把吊瓶网挂在高于牛头30~40厘米的吊瓶架上。把输液器下端过滤器下面的细塑料管连同针头拔掉，安装上兽用输液针头（6号或20号针头）。打开输液器调节开关，放出少量药液，排出输液管内的空气，调节输液器管中上部的空气壶，使之置入半壶药液，以便观察输液流速。将排完空气的输液器关好开关，备用。取下输液器上的锋利的兽用针头，按照静脉注射的方法，将针头刺入静脉血管，把针头向下送入血管2~3厘米，以防针头滑出。这时松开静脉的固定压迫点，打开输液器开关，连接输液器管，把输液器末端（过滤器下段）插入置于静脉血管中的针头座内，并拧紧（防止松动漏夜）。调节输液速度，开始输液。然后再用两个文具夹把输液器下端连接针头附近的输液管分两个地方固定在牛的颈部皮肤上。滑动输液器上的调节开关，使之达到按照需要的滴流速度进行输液（图6-29）。

与静脉注射的区别是：静脉注射使用的针头在刺入静脉后，调整针头方向，使之针尖朝上，然后连接针管、注入药液。而静脉输液时使用的针头，

在刺入静脉后，将针头向下顺入静脉管内，连接输液器下端，输入药液。

静脉注射或滴注过程中，若药液漏出静脉外时，可作如下处理。

如是高渗溶液，则向肿胀局部及周围注入适量的注射用水（灭菌蒸馏水）以稀释；

如是刺激性强或有腐蚀性的药液，则向周围组织注入生理盐水；

如是氯化钙溶液可注入10%硫酸钠溶液，使其转化为硫酸钙和氯化钠。

此外，局部温敷，可以促进吸收。

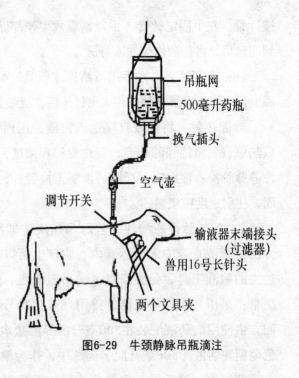

图6-29　牛颈静脉吊瓶滴注

吊瓶网
500毫升药瓶
换气插头
空气壶
调节开关
输液器末端接头（过滤器）
兽用16号长针头
两个文具夹

5. 气管注射法

气管注射是将药液直接送入动物气管内。用以治疗气管、支气管以及肺部疾病。病牛站立保定，头颈伸直并略抬高，沿颈下第三轮气管正中剪毛消毒，用16号针头向后上方刺入，当穿透气管壁时，针感无阻力，然后连接针管，将药液缓缓注入。

气管注射时，为防止咳嗽，可先在气管内注入0.25%～0.5%普鲁卡因溶液5毫升，再注入治疗用药液。3个月龄以下犊牛，也可直接用0.25%的普鲁卡因溶液20毫升稀释青霉素80万单位，缓缓注入气管内，隔日一次，连用2～5次。

6. 胸腔注射法

病牛站立保定，右侧第五或左侧第六肋间，胸外静脉上方2厘米处剪毛消毒，用左手将注射部位皮肤前推1～2厘米，右手持连接针头的注射器，沿肋骨前缘垂直刺入约3～5厘米，注入药液，拔出针头。使局部皮肤复位，常规消毒。整个注射过程，要防止空气进入胸腔。

7. 腹腔注射法

将特定药物直接注入腹腔，借助于腹膜的吸收机能治疗某些疾病的注射法。腹腔注射时，病牛站立保定，犊牛亦可侧卧保定，在牛体右侧肷窝上部，即髋关节下缘的水平线上，距最后肋骨2～4厘米处，用静脉注射针头，与皮肤呈直角，将针头垂直刺入腹腔，感到针头可自由活动时，证明刺入腹腔。连接针管，注入药液。

一般刺激性大的药液不宜做腹腔注射，注射前，药液必须加温，与体温同高。不能直接注入凉药液，以免引起痉挛性腹痛。

8. 瓣胃注射法

病牛站立保定，在右侧第九肋间，肩关节水平线上下2厘米处剪毛消毒，采用长15厘米（16～18号）针头，垂直刺入皮肤后，针头朝向左侧肘突（左前下方）方向刺入8～10厘米（刺入瓣胃内时常有沙沙声感），用注射器注入20～50毫升生理盐水后立即回抽，如见混有草屑等胃内容物，即可注入治疗药物。然后迅速拔出针头，按照常规消毒法消毒（图6-30）。

图6-30　牛瓣胃注射部位

9. 皱胃注射法

病牛站立保定，消毒注射位点，皱胃位于右侧第12、第13肋骨后下缘；若右侧肋骨弓或最后三个肋间显著膨大，呈现叩击钢管清朗的铿锵音，也可选此处作为注射点，局部剪毛消毒，取长15厘米（16～18号）针头，朝向对侧肘突刺入5～8厘米，有坚实感即表明刺入皱胃，先注入生理盐水50～100毫升，立即抽回，其中混有胃内容物（pH值为1～4），即可注入事先备好的治疗药物。注完后，常规消毒注射点。

第七章　牛病防治技术

第一节　牛主要传染病

一、口蹄疫

口蹄疫俗称"口疮"、"蹄癀"是由口蹄疫病毒引起的一种人和偶蹄动物的急性发热性、高度接触性传染病。主要临床症状特征表现在口腔黏膜、唇、蹄部和乳房皮肤发生水泡和溃烂。

（一）病因

该病由口蹄疫病毒引起。口蹄疫病毒是动物RNA病毒，呈圆形，直径20～25纳米，该病毒具有多型性、变异性等特点，目前全世界有7个主型：A、O、C、南非1、南非2、南非3和亚洲Ⅰ型。各型之间不能互相免疫，即感染了此型病毒的动物，仍可感染其他型病毒。各型的临床表现相同。该病毒对动物致病力特强，1克新鲜的牛舌皮毒，捣碎成糊状，稀释10^7～10^8倍后，取1毫升舌面接种牛，还能使牛发病。病毒存在于病牛的水疱、唾液、血液、粪、尿及乳汁中。病毒对外界抵抗力很强，不怕干燥，但对日光、热、酸、碱则均敏感。

（二）诊断

1. 流行病学

不同地区可表现为不同的季节性，牧区一般从秋末开始，冬季加剧，春季减轻，夏季平息。在农区，这种季节性不明显。病牛是传染源，传播途径是通过直接接触或间接接触，经消化道、损伤的黏膜、皮肤和呼吸道。口蹄疫病毒传染性很强，一旦发病呈流行性，且每隔一两年或三五年就流行一次，有一定的周期性。

2. 症状

潜伏期平均为2～4天，长者可达一周左右。病牛体温升高至40～41℃，精神不振，食欲减退，流涎。1～2天后，唇内面、齿龈、舌面和颊部黏膜出现1～3厘米见方的白色水疱，大量流涎，水疱破裂形成糜烂，病牛因口腔疼痛采食困难，进食减少或不进食。水疱破裂后，体温下降至正常，糜烂部位逐渐愈合。与水疱出现的同时或稍后，蹄部的趾间、蹄冠的皮肤也出现水疱，并很快破裂，病畜不愿意行走，严重者蹄匣脱落。在牛的鼻部和乳头上也出现水疱，之后破裂，形成粗糙的、有出血的颗粒状糜烂面。感染的怀孕母牛经常出现流产。病程为一周左右，病变部位恢复很快，全身症状也渐好转。如果发生在蹄部，病程较长，2～3周，死亡率低，不超过1%～3%。但是，如果病毒侵害心肌时，可使病情恶化，导致心脏出现麻痹而突然倒地死亡。

3. 病理变化

主要在口腔黏膜、蹄部、乳房皮肤出现水疱及糜烂面。病毒毒素侵害心肌而死亡的牛，心肌变性和出血及在心肌上可看到许多大小不等、形态不整齐的灰白色或灰黄色混浊无光泽的条纹样病灶，称为"虎斑心"。

4. 实验室检查

做病毒分离，采用鸡胚和细胞培养分离病毒。血清学检查主要应用反向间接血凝试验、酶联免疫吸附试验等检测病毒抗原。

本病应与牛黏膜病、牛恶性卡他热、水疱性口炎相区别。牛黏膜病口腔黏膜虽有糜烂，但无水疱形成；牛恶性卡他热散发性发生，全身症状重，有角膜混浊，死亡率高；水疱性口炎流行范围小，发病率低。

（三）**防治**

口蹄疫一般情况下，不允许治疗，要严格执行我国《口蹄疫防治技术规范》规定的处理措施，扑杀病牛，并对尸体进行无害化处理。只有在能做到严格隔离，保证不散毒的前提下，方可进行治疗，以减轻经济损失。

该病发生后一般经过10天左右能自愈。为了防止继发性感染，缩短病程，应对病牛进行隔离及加强护理，用0.1%高锰酸钾或3%硼酸水对病变部位实施清洗、消毒、敷以收敛剂并适当应用些抗生素。还可用同型高免血清或病愈后10～20天的良性口蹄疫病牛的血清进行皮下注射，用量为每千克体重1毫升。

发生口蹄疫时，对疫区和受威胁区内的健康牛，采用与当地流行的相同病毒型、亚型的减毒活苗和灭活苗进行接种。

二、流行热

牛流行热，简称牛流行性感冒，又称三日热或暂时热，是牛的一种急性、热性、高度接触性传染病。临床特征表现为：突发高热、流泪、流涎、呼吸促迫，四肢关节障碍及精神抑郁。

（一）病因

由流行热病毒引起，病毒粒子呈子弹状或圆锥状，尖端直径16.6纳米，底部直径70～80纳米，高145～176纳米。病毒抵抗力不强，对酸、碱、热、紫外线照射均敏感。

（二）诊断

1. 流行病学

病牛是传染源，病毒主要存在于病牛高热期血液和呼吸道分泌物中。在自然条件下，本病传播媒介为吸血昆虫，经叮咬皮肤感染。多雨潮湿的季节容易造成本病的流行。本病传播迅速，短期内可使很多牛感染发病，不同品种、性别、年龄的牛均可感染发病，呈流行性或大流行，为3～5年流行一次。

2. 症状

潜伏期2～10天，常突然发病，迅速波及全群，体温升高到40℃以上，持续2～3天，病牛精神不振，鼻镜干燥发热，反刍停止，奶产量急剧下降。全身肌肉和四肢关节疼痛，步态不稳，又称"僵直病"。高热时，呼吸急促，呼吸次数每分钟可达80次以上，肺部听诊有肺泡音高亢，支气管音粗厉。眼结膜充血、流泪、流鼻漏、流涎，口边沾有泡沫。病牛尿量减少，怀孕牛容易流产。病程为2～5天，有时可达1周，绝大多数能够恢复。

3. 病理变化

主要病变在呼吸道，有明显肺间质性气肿，部分病例可见全身淋巴结呈不同程度的肿大、充血和水肿。实质器官多呈现明显的混浊肿胀。此外，还发现关节、腱鞘、肌膜的炎症变化。

4. 实验室检查

用病死牛的脾、肝、肺、脑等组织及人工感染乳鼠脑组织制成超薄切片，或细胞培养物经处理后用负染法，在电镜下观察病毒颗粒。

血清学检查可将从病牛采集的急性期和恢复期双份血清做补体结合试验、ELISA试验和中和试验，以检测特异性血清抗体。

应与类蓝舌病、牛呼吸道合胞体病毒感染及牛传染性鼻气管炎相区别：类蓝舌病不出现全身肌肉和四肢关节疼痛症状；牛呼吸道合胞体病流行季节在晚秋，症状以支气管肺炎为主，病程长；牛鼻气管炎多发生在寒冷季节，症状以呼吸道症状为主，少见全身性症状。

（三）防治

本病多为良性经过，应对症治疗及加强护理，如解热、补糖、补液等，数日后可恢复。对严重病例，在加强护理的同时，应采取解热、消炎、强心等。此外，可静脉放血（1 500～2 500毫升），以改善小循环，防止过度水肿。对瘫痪的病牛，在卧地初期，可应用安乃近、水杨酸、葡萄糖酸钙等静脉注射。在流行季节到来之前，接种牛流行热亚单位疫苗或灭活疫苗。在吸血昆虫孳生前1个月接种，间隔3周后进行第2次接种，部分牛有接种反应，奶牛接种后3～5天奶产量会有轻微下降。对假定健康牛和附近受威胁地区牛群，可用高免血清进行紧急预防。吸血虫是媒介，因此，消灭吸血虫及防止叮咬，也是一项重要措施。

三、牛海绵状脑病（疯牛病）

是由朊病毒引起的病，以行动异常、运动失调、轻瘫、脑灰质海绵状形成和神经元空泡形成为特征。

（一）病因

发病原因由与痒病毒相类似的一种朊病毒引起，该病毒分布于病牛脑、颈部脊髓、脊髓末端和视网膜等处。正常情况下，病毒以无害的细胞蛋白质形式存在，但可以变异，使动物及人发病。病毒对热抵抗力很强，100℃也不能完全使其灭活。

（二）诊断

1. 流行病学

该病1965年首先在英国发现，之后在英国蔓延。美国、加拿大、瑞士、葡萄牙、法国、德国、日本等均发生过本病。患病的绵羊、牛及带毒牛是本病的传染源，饲喂含有疯牛病病毒的骨粉可成为病毒携带者。传播途径主要通过消化道感染，猫和多种野生动物、人也可感染。

2. 症状

潜伏期4～6年，甚至更长，呈散发性。多发生于夏季和初秋，发病初头部颤动，左右摇晃，进而烦躁不安、行动反常，对声音及触摸十分敏感。由于恐惧、狂躁而表现出攻击性，行动失调，步态不稳，胡乱蹬踢。有些牛可出现头部和肩部肌肉颤抖和抽搐，后期出现强直性痉挛，最后极度消瘦而死亡，病程14～180日。

3. 病理变化

脑组织呈海绵状即脑组织空泡化，脑灰质形成明显的空泡，神经元变性、坏死和星状胶质细胞增生。

4. 实验室检查

据报道，已分离出能分辨出脑部正常型朊病毒和疾病型朊病毒的15B3抗体，可以据此确诊本病。

（三）防治

无特效疗法，应以预防为主，严禁饲喂肉骨粉等动物性饲料，引种时应特别注意，加强严格的检疫。

四、布氏杆菌病

本病也称传染性流产，是由布氏杆菌引起的人畜共患的一种接触性传染病，特征为流产和不孕。

（一）病因

本病由布氏杆菌引起，该菌微小，近似球状的杆菌，（1～5）微米×0.5微米，不形成芽孢、无荚膜，革兰氏染色阴性，需氧兼性厌氧菌。布氏杆菌对热抵抗力不强，60℃30分钟即可杀死，对干燥抵抗力强，在干燥的土壤中，可生存2个月以上，在毛、皮中可生存3～4个月。一般消毒剂也可杀死。病菌从损伤的皮肤、黏膜侵入机体，致使发病。

（二）诊断

1. 流行病学

春、夏容易发病，病畜为传染源，病菌存在于流产的胎儿、胎衣、羊水、流产母畜阴道分泌物及公畜的精液内。传染途径是直接接触性传染，受伤的皮肤、交配、消化道等均可传染。呈地方性流行。发病后可出现母畜流产，在老疫区出现关节炎、子宫内膜炎、胎衣不下、屡配不孕、睾丸炎。犊牛有抵抗力，母畜易感。

2. 症状

母牛流产是最主要的症状，流产多发生在妊娠后第5～8个月，产出死胎或弱胎、胎衣不下，流产后阴道内继续排出褐色恶臭液体。公畜常发生睾丸炎或副睾丸炎。病牛发生关节炎时，多发生在膝关节及腕关节。

3. 病理变化

病牛除流产外，在绒毛叶上有多数出血点和淡灰色不洁渗出物，并覆有坏死组织，胎膜粗糙、水肿、严重充血或有出血点，并覆盖一层纤维蛋白质。胎盘有些地方呈现淡黄色或覆盖有灰色脓性物。子宫内膜呈卡他性炎或化脓性内膜炎。流产胎儿的肝、脾和淋巴结呈现程度不同的肿胀，甚至有时可见散布着炎性坏死小病灶。母牛常有输卵管炎、卵巢炎或乳房炎。公牛精囊常有出血和坏死病灶，睾丸和附睾坏死，呈灰黄色。

4. 实验室检查

病原学检查可采用流产胎盘和胎儿胃液或流产后2～3天之阴道分泌物做成涂片，革兰氏染色，进行镜检，可见革兰氏阴性球杆菌，常散在排列，无鞭毛、无芽孢，大多数情况不形成荚膜。采集病牛的血、脊髓液、流产胎儿等，进行培养分离病菌，在血清肝汤琼脂内作振荡培养后，经3～7天，牛流产布氏杆菌可于表面下0.5厘米处形成带状生长。

本病应与其他病因引起的流产相区别，如机械性流产、滴虫性流产、弯曲菌性流产、变动性流产。

（三）防治

首先进行隔离，对流产伴有子宫内膜炎的母畜，可用0.1%高锰酸钾溶液冲洗子宫和阴道，每日一次，然后注入抗生素。也可用中药治疗，即益母草30克、黄芩18克、川芎15克、当归15克、熟地15克、白术15克、双花15克、连翘15克、白芍15克，研为细末，开水冲调，候温灌服。

免疫方面，应用19号活菌苗，犊牛6个月接种一次，18个月再接种一次，免疫效果持续数年。预防上要定期检疫，消毒。

五、结核病

结核病是由结核分枝杆菌引起的人畜共患的一种慢性传染病。特征是在机体组织中形成结核结节性肉芽肿和干酪样、钙化的坏死病变。

（一）病因

本病由结核分枝杆菌引起，病菌分三型：牛型、人型、禽型。病菌长1.5～5微米、宽0.2～0.5微米，菌体形态为两端钝圆、平直或稍弯曲的纤细杆菌，无芽孢和荚膜、鞭毛，没有运动性，需氧菌，革兰氏阳性。对外界抵抗力强，对干燥和湿冷抵抗力更强。对热抵抗力差，60℃30分钟可死亡，100℃

沸水中立即死亡。一般消毒药，如5%来苏尔，3%～5%甲醛，70%酒精，10%漂白粉溶液等可杀灭病菌。

（二）诊断

1. 流行病学

患牛是本病的传染源，不同类型的结核杆菌对人和畜有交叉感染性。病菌存在于鼻液、唾液、痰液、粪尿、乳汁和生殖器官的分泌物中，这些东西能污染饲料、饮用水和空气、周围环境。可通过呼吸道和消化道感染，环境潮湿、通风不好、牛群拥挤、饲料营养缺乏维生素和矿物质等均可诱发本病的发生。

2. 症状

潜伏期一般为10～45天，呈慢性经过。有下面几种类型。

（1）肺结核　长期干咳，之后变为湿咳，早晨和饮水后较明显，渐渐咳嗽加重，呼吸次数增加，且有淡黄色黏液或黏性鼻液流出。食欲下降、消瘦、贫血，产奶量减少，体表淋巴结肿大，体温一般正常或稍高。

（2）淋巴结核　肩前、股前、腹股沟、颌下、咽及颈部等淋巴结肿大，有时可能破裂形成溃疡。

（3）乳房结核　乳房淋巴结肿大，常在后方乳腺区发生结核，乳房肿大，有硬块，产奶量减少，乳汁稀薄。

（4）肠结核　多发生于犊牛，下痢与便秘交替，之后发展为顽固性下痢，粪便带血、腥臭，消化不良，渐渐消瘦。

3. 病理变化

剖检特征为形成结核结节，肺部及其所属淋巴结核为首，其次为胸膜、乳房、肝和子宫、脾、肠结核等。肉眼可发现脏器有白色或黄色结节，切面呈干酪化坏死，有的呈钙化、有的形成空洞。胃肠道黏膜有大小不等的结核结节或溃疡。乳房结核，在病灶内含干酪样物质。

4. 实验室检查

采集病畜的痰、乳及其他分泌物，作抹片镜检。作抹片时，应首先经酸碱处理，使组织和蛋白液化，用抗酸性染色。

本病应与牛肺炎、牛副结核相区别，牛肺炎在我国已扑灭，牛副结核症状表现以持续性的下痢为主，并伴有水肿。

（三）防治

应用链霉素、异烟肼、对氨基水杨酸钠及利福平等药治疗本病，在初期有疗效，但不能彻底根治。因此，一旦发现病牛，应立即淘汰。应采取严格的检疫、隔离、消毒措施，加强饲养管理，培养健康牛群。

第二节　牛主要寄生虫病

一、胃肠线虫病

胃肠线虫病是牛、羊等反刍动物的多发性寄生虫病，在皱胃及肠道内，经常见到的有血矛线虫、仰口属线虫、食道口线虫、毛首属线虫四种线虫寄生，并可引起不同程度的胃肠炎、消化机能障碍，患畜消瘦、贫血，严重者可造成畜群的大批死亡。

（一）病因

血矛线虫，雄虫长10~20毫米，雌虫长18~30毫米，呈细线状，寄生于宿主的皱胃及小肠。仰口属线虫，雄虫长12~17毫米，体末端有发达的交合伞，两根等长的交合刺，雌虫长19~26毫米，寄生于牛的小肠。食道口线虫，雄虫长12~15毫米，交合伞发达，有一对等长的交合刺，雌虫长16~20毫米，虫卵较大。毛首属线虫，虫体长35~80毫米，寄生于宿主的大肠（盲肠）内，虫体前部（占全长的2/3~4/5）呈细长毛发状，体后部粗短。

（二）诊断

1. 流行病学

牛的各种消化道线虫均系土源性发育，不需要中间宿主参加，牛感染是由于吞食了被虫卵所污染的饲草、饲料及饮水所致，幼虫在外界的发育难以控制，从而造成了几乎所有反刍动物不同程度感染发病的状况。上述各种线虫的虫卵随粪便排出体外，在外界适宜的条件下，绝大部分种类线虫的虫卵孵化出第一期幼虫，经过两次蜕化后发育成具有感染宿主能力的第三期幼虫，被牛吞食后在消化道里经半个月发育成为幼虫，被幼虫污染的土壤和牧草是传染源，在春秋季节感染。

第七章　牛病防治技术

2. 临床症状

牛感染各种消化道线虫后，主要症状表现为消化紊乱、胃肠道发炎、腹泻、消瘦、眼结膜苍白、贫血。严重病例下颌间隙水肿，犊牛发育受阻。少数病例体温升高，呼吸、脉搏频数，心音减弱，最终可因极度衰竭发生死亡。

3. 病理变化

可见皱胃黏膜水肿，小肠和盲肠有卡他性炎症，大肠可见到黄色小点状的结节或化脓性结节以及肠壁上遗留下来的一些瘢痕性斑点，大网膜、肠系膜胶样浸溶，胸、腹腔有淡黄色渗出液，尸体消瘦、贫血。

4. 实验室检查

用直接涂片法或饱和盐水漂浮法进行虫卵检查，镜检时各种线虫虫卵一般不做分类计数，当虫卵总数达到每克粪便中含300～600个时，即可诊断。

（三）防治

可用以下方法治疗。

1. 噻苯咪唑

50～100毫克/（千克体重·次），口服，1日1次，连用3日。对驱除上述线虫有特效。

2. 左旋咪唑

8毫克/（千克体重·次），首次用药后再用药1次，本药也可肌肉或皮下注射，用量：7.5毫克/（千克体重·次）。

预防上，应在线虫易感地区，每年春季放牧前和秋季收牧后分别进行1次定期驱除虫卵。可用左旋咪唑肌肉或皮下注射，较方便。平时注意粪便堆积发酵处理，以杀死虫卵及幼虫。保持牧场、圈舍等处环境与饮水清洁。

二、皮蝇蛆病

本病是慢性牛皮寄生虫病，在我国被列为牛的三类疫病。

（一）病因

病原体为牛皮蝇及纹皮蝇两种蝇的幼虫（蛆），两种蝇很相似，长13～15毫米，体表密生绒毛，呈黄绿色至深棕色，近似蜜蜂。雄蝇交配后死亡，雌蝇侵袭牛体，将卵产于牛的皮薄处（如四肢、股内侧、腹两侧）的被毛上，产卵后雌蝇死亡，虫卵经4～7天孵出第一期幼虫，并沿着毛孔钻入皮内。第二期幼虫，牛皮蝇幼虫直接向背部移行；纹皮蝇幼虫移行到体内深部组织，然后顺着膈肌向背部移行。此时，两种蝇的第三期幼虫（蛆）寄生于背部皮下，形成瘤状凸起。然后经凸起的小孔钻出，落地变成蛹，蛹再羽化为蝇。

（二）诊断

1. 流行病学

正常年份，蚊皮蝇出现于4～6月份，牛皮蝇出现于6～8月份，在晴朗无风的白天侵袭牛体，并在牛毛上产卵。我国主要流行于西北、东北和内蒙古牧区，尤其是少数民族聚集的西部地区，其感染率甚高，感染强度最高达到200条/头。

2. 症状

雌蝇飞翔产卵时，引起牛只惊恐、喷鼻、踢蹴，甚至狂奔（俗称跑蜂），常引起流产和外伤，影响采食。幼虫钻入皮肤时引起痒痛；在深部组织移行时，造成组织损伤；当移行到背部皮下时，引起结缔组织增生，皮肤穿孔、疼痛、肿胀、流出血液或脓汁、病牛消瘦、贫血。当幼虫移行至中枢神经系统时，引起神经紊乱。由于幼虫能分泌毒素，可致血管壁损伤，出现呼吸急促，生产发育受阻和产奶量下降等。

3. 病理变化

病初，在病牛的背部皮肤上，可以摸到圆形的硬节，继后可出现肿瘤样隆起，在隆起的皮肤上有小孔，小孔周围堆积着干涸的脓痂，孔内通结缔组织囊，其中，有一条幼虫。

4. 实验室检查

根据剖检及发现幼虫，可以诊断。

（三）防治

1. 治疗

① 发现牛背上刚刚出现尚未穿孔的硬结时，涂擦2%可改换新的杀虫剂溶液，20天涂1次。② 对皮肤已经穿孔的幼虫，可用针刺死，或用手挤出后踩死，伤口涂碘酊。③ 用皮蝇磷，一次内服量100毫克/千克体重或每日内服15～25毫克/千克体重，连用6～7日，能有效杀死各期牛皮蝇蛆。奶牛应禁止使用，肉牛屠宰上市前10天应停药。④ 伊维菌素，0.2毫克/千克体重·次，皮下注射，7天1次，连用2次。

2. 预防

（1）5～7月份　在皮蝇活跃的地方，每隔半个月向牛体喷洒1次0.5%可改

换新的杀虫剂溶液，防止皮蝇产卵，对牛舍、运动场定期用除虫菊酯喷雾灭蝇。

（2）11～12月份　臀部肌肉注射倍硫磷50%乳油，5～7毫克/千克体重，间隔3个月后，再用药1次，对一二期幼虫杀虫率达100%，可防止幼虫第三期成熟，达到预防的目的。

三、螨病

螨病又称疥癣病、癞皮病，是一种牛的皮肤寄生虫病。

（一）病因

病原是螨虫，又叫疥虫，主要有两种：①穿孔疥虫（疥螨），体形呈龟形，大小为0.2～0.5毫米，在表皮深层钻洞，以角质层组织和淋巴液为食，在洞内发育和繁殖。②吸吮疥虫（痒螨），体形呈椭圆形，大小为0.5～0.8毫米，寄生于皮肤表面繁殖，吸取渗出液为食。

（二）诊断

1. 流行病学

螨病除主要由病牛直接接触健康牛传染外，还可通过狗、猫、鼠等接触污染的圈舍后间接传播，在秋冬和早春，拥挤、潮湿可使螨病多发。牛体不刷拭，牛舍卫生条件差都是本病流行的诱因，潜伏期2～4周。

2. 症状

引起牛体剧痒，病牛不停地啃咬患部或在其他物体上摩擦，使局部皮肤脱毛，破伤出血，甚至感染产生炎症，同时还向周围散布病原。皮肤肥厚、结痂、失去弹性，甚至形成许多皱纹、龟裂，严重时流出恶臭分泌物。病牛长期不安，影响休息，消瘦，生长发育迟缓，生产奶量下降，甚至影响正常繁殖。

3. 实验室检查

根据临床症状，流行病学调查等可确诊，症状不明显时，可采取健康与患部交界处的体表皮部位的痂皮，检查有无虫体，给予确诊。

（1）直接检查法　将刮下的干燥皮屑，放于培养皿或黑纸上在日光下暴晒，或加温至40～50℃，经30～50分钟后，移去皮屑，用肉眼观察，可见白色虫体的移动，此法适用于体形较大的螨（如痒螨）。

（2）显微镜直接检查法　将刮下的皮屑放在载玻片上，滴加煤油，用另一张载玻片，搓压玻片上的病料，使病料散开，然后分开载玻片，置显微镜下检查。也可用10%氢氧化钠溶液、液体石蜡或50%甘油溶液滴于病料上，直接观察其活动。

（3）虫体浓集法 将病料置于试管内加入10%氢氧化钠溶液，浸泡使皮屑溶解，虫体分离出来，然后用自然沉淀，或以2000转/分的速度离心沉淀5分钟，虫体即沉入管底，弃去上层液，取沉淀检查。或向沉淀中加入60%硫代磷酸钠溶液，直立，待虫体上浮，取表面溶液检查。

本病应与湿疹、秃毛癣、虱和毛虱相区别。湿疹痒觉不剧烈，且不受环境、温度影响，无传染性，皮屑内无虫体。秃毛癣患部呈圆形或椭圆形，界限明显，其上覆盖的浅黄色干痂易于剥落，痒觉不明显，镜检经10%氢氧化钾溶液处理的毛根或皮屑，可发现癣菌的孢子或菌丝。虱和毛虱所致的症状有时与螨病相似，但皮肤炎症、落屑及形成痂皮程度较轻，容易发现虱与虱卵，病料中找不到螨虫。

（三）防治

1. 治疗

① 可选用伊维菌素（害获灭）或阿维菌素（虫克星），此类药物不仅对螨病，而且对其他的节肢动物疾病和大部分线虫病均有良好的疗效，剂量按每千克体重0.2毫克，口服或皮下注射。

② 溴氢菊酯（倍特），剂量按每千克体重500毫克，喷淋。双甲咪，剂量按每千克体重500毫克，涂擦。

③ 对于数量多的牛，应进行药浴，在气候温暖的季节，可选用0.05%辛硫磷乳油水溶液、0.05%双甲咪溶液等。

2. 预防

流行地区每年定期药浴，可取得预防与治疗的目的，加强检疫工作，对引进的牛隔离检查。保持牛舍卫生、干燥和通风，定期清扫和消毒。

第三节　内科病

一、瘤胃臌胀

本病又称瘤胃臌气，是一种气体排泄障碍性疾病，由于气体在瘤胃内大量积聚，致使瘤胃容积极度增大，压力增高，胃壁扩张，严重影响心、肺功

能而危及生命。分为急性和慢性两种。

（一）病因

急性瘤胃臌胀是由于牛采食了大量易发酵的饲料和饮用了大量的水，胃内迅速产生大量气体而引起瘤胃急剧膨胀，如带露水的幼嫩多汁青草或豆科牧草、酒糟和冰冻的多汁饲料或腐败变质的饲料等均可致病。慢性瘤胃臌胀大多继发于食道、前胃、真胃和肠道的各种疾病。

（二）症状

急性瘤胃臌胀：病牛多于采食中或采食后不久突然发病，表现不安，回头顾腹、后肢踢腹、背腰拱起、腹部迅速膨大、肷窝凸起，左侧更明显，可高至髋关节或背中线，反刍和嗳气停止，触诊凸出部紧张有弹性，叩诊呈鼓音，听诊瘤胃蠕动音减弱。高度呼吸困难，心跳加快，可视黏膜呈蓝紫色。后期病牛张口呼吸，站立不稳或卧地不起，如不及时救治，很快因窒息或心脏麻痹而死。

慢性瘤胃臌胀：病牛的左腹部反复膨大，症状时好时坏，消瘦、衰弱。瘤胃蠕动和反刍机能减退，往往持续数周乃至数月。

（三）诊断

依据临床症状和病因分析可以及时作出诊断，病牛由于吃了大量的幼嫩多汁饲料或带露珠的幼嫩苜蓿、三叶草、发酵的啤酒糟等而致病。

（四）防治

1. 治疗

对于急性病例可用下列方法。

（1）穿刺放气　首先是对腹围显著膨大危及生命的病牛应该进行瘤胃穿刺放气，投入防腐制酵剂。

（2）民间偏方　牛吃豆类喝水后出现瘤胃臌气时，可将牛头放低，用树棍刺激口腔咽喉部位，使牛产生恶逆呕吐动作，排出气体，达到消胀的目的。

（3）缓泻止酵　成年牛用石蜡油或熟豆油1500~2000毫升，加入松节油50毫升，一次胃管投服或灌服。一日一次，连用2次。

（4）氧化镁治疗　对于因采食碳水化合物过多引起的急性酸性瘤胃臌胀，可用氧化镁100克，对水适量，一次灌服。

对于慢性瘤胃臌胀，可用下列方法治疗。

① 缓泻止酵：石蜡油或熟豆油1000～2000毫升，灌服，一日一次，连用2日。

② 熟豆油1000～2000毫升，硫酸钠300克（孕牛忌用，孕牛可单用熟豆油加量灌服），用热水把硫酸钠溶化后，一起灌服。一日一次，连用2日。

③ 民间偏方：可用涂有松馏油或大酱的木棒衔于口中，木棒两端用细绳系于牛头后方，使牛不断咀嚼，促进嗳气，达到消气止胀的目的。

④ 止酵处方：稀盐酸20毫升，酒精50毫升，煤酚皂溶液10毫升混合后，用水50～100倍稀释，胃管灌服，一日一次。

⑤ 抗菌消炎：静脉注射金霉素5～10毫克/千克体重/日，用等渗糖溶解，连用3～5日。

⑥ 中医止气消胀，增强瘤胃功能：党参50克，茯苓、白术各40克，陈皮、青皮、三仙、川朴各30克，半夏、莱菔子、甘草各20克，开水冲服，一日一次，连用3剂。

2. 预防

（1）预饲干草　在夜间或临放牧前，预先饲喂含纤维素多的干草（苏丹草、燕麦干草、稻草、干玉米秸等）。

（2）割草饲喂　对于具有发生臌胀危险的牧草，应该先割了，晾晒至蔫后再喂。在放牧时，应该避开幼嫩豆科牧草和雨后放牧的危险时机。

（3）防止采食过多的精料。

二、前胃弛缓

本病是前胃的兴奋性和收缩力降低，使饲料在前胃中滞留、排出时间延迟所引起的一种消化机能障碍性疾病。饲料在胃中腐败发酵、产生有毒物质，破坏瘤胃内的微生物活动，并伴有全身机能紊乱。

（一）病因

饲养管理不当是本病的主要原因，长期的大量饲喂粗硬秸秆（如豆秸、山芋藤等），饮水少，草料骤变，突然改变饲喂方式，过多地给予精饲料等，导致牛的瘤胃消化机能下降，引起本病的发生。牛舍的恶劣环境，如拥挤、通风不畅、潮湿、缺乏运动和日光照射，以及其他不利因素的刺激，均可引发本病的发生。

继发性前胃弛缓，可继发于某些传染病、寄生虫病、口腔疾病、肠道疾

病、代谢疾病等。

（二）症状

前胃弛缓的表征分3种类型简介如下。

1. 急性型

由于牛遭受恶劣的因素刺激，使牛陷于急剧的应急状态，主要表现为食欲不振，反刍减少和瘤胃蠕动减弱等。

2. 慢性型

是最普通的病型，病程经过缓慢而且顽固，病情时好时坏。病牛表现倦怠，皮温不整，被毛粗刚，营养不良、消瘦，眼球凹陷；产奶量下降，呻吟、磨牙。食欲不振，有时出现异食癖。反刍减退，频频发出恶臭的嗳气。瘤胃蠕动减弱，胃内积食，有轻度臌胀。腐败干硬、便秘、恶臭、成暗褐色块状。

3. 瓣胃便秘型

急性便秘，触诊（右侧7～9肋间）对抵抗感增大，有压痛，叩诊时为浊音。脉搏、呼吸加快，垂头、呻吟、不安、不愿活动，尤其是不能卧下。慢性便秘，食欲废绝或偏食（厌恶精料，喜食干草），产奶量下降，呼吸次数增多（60～80次/分钟），体温轻度上升（39.5℃）瘤胃蠕动衰退，便秘。

（三）诊断

根据病史，食欲减少，反刍与嗳气缺乏以及前胃蠕动减弱，轻度臌胀等临床特征，可作出初步诊断。但是，本病应与酮血症、创伤性网胃炎、瓣胃阻塞等病相区别。必须注意是原发性还是继发性。

（四）防治

1. 治疗要对症治疗，给予易消化的草料，多给饮水

（1）调整瘤胃功能　静脉注射10%氯化钠溶液500毫升，皮下注射10%安钠伽注射液20毫升，比赛克灵10～20毫升（怀孕牛禁用）；用龙胆酊50毫升，或马前子酊10毫升，加稀盐酸20毫升，酒精50毫升，常水适量，灌服，1日1次，连用1～3次；用柔软的褥草或布片按摩瘤胃部。

（2）应用缓泻药　将镁乳200毫升（为了中和酸时可用50毫升），用水稀释3～5倍，灌服或胃管投服，1日1次；也可应用人工盐300克，龙胆末30克，混合后，温水适量灌服，1日2次，连用2日。

（3）接种瘤胃液以改善内环境　用健康牛的瘤胃液4～8升，灌服。

（4）瓣胃便秘　应用石蜡油1000～2000毫升灌服，连用2日；皮下注射比赛克灵10毫升（怀孕牛禁用），1日2次。

（5）中医疗法　慢性胃卡他（不拉稀）、胃寒不愿吃草料，耳、鼻凉，逐渐消瘦，暖寒开胃的处方：益智仁、白术、当归、肉桂、川朴、陈皮各30克，砂仁、肉叩、干姜、青皮、良姜、枳壳、甘草各20克，五味子15克。

胃肠卡他（寒泻、拉稀），暖寒利水止泻方：以上处方加苍术40克、猪苓、茯苓、泽夕、黑附子各30克。开水冲，候温灌服，1日1剂，连用3剂。

恢复前胃功能，缓泻方：黄芪、党参各60克，苍术50克，干姜、陈皮、白芍各40克，槟榔、枳壳、三仙各30克，乌药、香附、甘草各20克，开水冲，候温灌服，1日1剂，连用2剂。

2. 预防

防止强烈的应激因素的影响，如长途运输、热性传染病、恐惧、饲料突变等；少喂或不喂粗硬秸秆或过细的精饲料；满足饮水和青绿饲料；及时治疗一些引发本病的疾病如网胃炎、真胃变位、酮病等。

三、创伤性网胃炎、心包炎

本病是由于金属异物混杂在饲料中，刺伤网胃和心包而发生的疾病。

（一）病因

牛在采食时，不经过细嚼即吞下，而且口腔黏膜对机械性刺激敏感性差，这样如果食物中混杂有金属异物（如铁钉、铁丝、尖锐的针等）就会被牛吞下，进入瘤胃，进而刺伤网胃并从网胃刺入心包而发生化脓性或腐败性炎症。不同病例，由于金属异物刺伤网胃的不同方向，而继发腹膜炎、肺炎、胸膜炎及脓肿等，个别病例也有因刺伤内脏血管而引起内出血死亡的情况。

（二）症状

创伤性网胃炎：食欲不振，反刍次数减少，瘤胃蠕动音减弱或消失，产奶量降低，病情严重时，除出现前胃弛缓的症状外，病牛弓背、呻吟。站立时肘关节开张，肘肌震颤，下肢、转弯、走路、卧地时，表现非常小心。站立时多先起前肢（在正常情况下牛先起后肢）表现疝痛症状。随着病情的发展，因心衰而出现发绀、浮肿、颈静脉怒张和蛋白尿等，数周后，往往出现心包炎症。

创伤性心包炎：全身症状严重，病牛呆立，前肢向前伸张，后肢集于腹下，头颈伸展，往往出现局部肌肉震颤。

发病初，病牛体温升高，脉搏加快，而后体温降低，但脉搏数仍多，体温与脉搏呈交叉现象。

（三）诊断

网胃部（剑状软骨的左后部腹壁）叩诊或用拳头顶击网胃部，或按压牛的鬐甲部，病牛表现疼痛不安、呻吟、躲闪人，并常见肘肌震颤，个别牛表现不明显。

听诊心区，发病初心脉搏增强，并有心包摩擦音，尔后由于心包积液（炎性渗出物），这时心包摩擦音消失，心跳脉搏很弱。如有积气，则有心包拍水音。用手按压心区，病牛表现有疼痛现象。

外表看，体表静脉怒张，尤以颈静脉明显，呈索条状。下颌间隙、胸垂及眼睑等处，往往发生浮肿。黏膜淤血，呼吸加快，轻微运动即可出现呼吸加快、急促。

胸膜炎出现的胸膜摩擦音，与呼吸运动相配合，在鼻孔闭锁时，摩擦音消失。心包炎时出现的心包摩擦音则与心脏有关，局限于心区。采用此方法即可进行二者的区别诊断。

在诊断时，可以借助于X线机透视或摄影进行确诊。

（四）防治

1. 治疗

药物治疗效果不大，一旦确诊，应进行瘤胃切开手术，取出金属异物，之后，再施以药物治疗，防止感染。

2. 预防

应加强饲养管理，检查和去除牛的饲料中的混杂物，可应用吸铁石进行除铁，把金属异物和尖锐的硬物检出来。

四、瓣胃秘积

本病是前胃疾病的一种，也叫瓣胃积食，是瓣胃运动机能减弱，食糜向皱胃排空困难甚至停滞的疾病。

（一）病因

牛吃了坚硬的粗纤维饲料，特别是半干山芋藤、花生藤、豆秸等，以及长期饲喂麸糠和大量的柔软而细碎的饲料（酒糟、粉渣等）或带有泥土的饲草，从而使这些东西积聚瓣胃，使之收缩力降低，引起瓣胃停滞，之后由于水分丧失，内容物干燥，导致瓣胃小叶压迫性坏死和胃肌麻痹，引起本病的发生。

（二）症状

病初食欲不振，反刍减少，空嚼磨牙，鼻镜干燥，口腔潮红，眼结膜充血。病重时，饮食废绝，鼻镜龟裂，结膜发绀，眼窝凹陷，呻吟，四肢乏力，全身肌肉震颤，卧地不起，排粪减少且呈胶冻状，恶臭，后变为顽固性便秘，粪干呈球状或扁硬块状，分层且外附白色黏液。嗳气减少，瘤胃蠕动音减弱，瘤胃内容物柔软，瓣胃蠕动减弱或消失。瓣胃触诊，病牛疼痛不安，抗拒触压。

进行瓣胃穿刺，可感到瓣胃内容物硬固，不会流出瓣胃内液体。

（三）诊断

本病是前胃弛缓的一项病症，临床上很难确诊，可根据瓣胃区听诊蠕动音消失，深部冲击性触诊有硬感，病牛表现敏感以及叩诊浊音区扩大等加以诊断。另有直肠检查时，直肠紧缩、空虚，肠壁干涩，当触摸到增粗、变大的患病肠管时，应与肠秘结相区别。

（四）防治

分中西医疗法，治疗原则以增强瓣胃蠕动、促进瓣胃内容物软化和排出，恢复前胃机能为主。

1. 西医疗法

（1）轻症 可以内服泻剂和促进前胃蠕动的药物。如硫酸镁500～800克，加水6 000～8 000毫升；或液体石蜡1 000～2 000毫升。也可以用硫酸钠300～500克，番木鳖酊10～20毫升，大蒜酊60毫升，槟榔末30克，大黄末40克，水6 000～10 000毫升，一次内服。为了促进前胃蠕动，可用10%氯化钠300～500毫升，10%氯化钙100～200毫升，20%安那咖液10～20毫升，一次静脉注射。

（2）重症 对瓣胃进行注射，将牛进行保定，术部剪毛消毒，用15～20厘米长的穿刺针，在右侧肩关节线第8～10肋间隙之间与皮肤垂直稍向前下方刺入9～13厘米。药物可用硫酸钠300克，甘油500毫升，水1 500～2 000毫升；也可以用硫酸镁400克，普鲁卡因2克，甘油200毫升，水3 000毫升。

2. 中医疗法

（1）初期，用增液承气汤加减：大黄、郁李仁、枳壳、生地、麦冬、石斛、玄参各25～30克。水煎去渣，加硭硝60～120克，猪油500克，蜂蜜120克，灌服。

（2）中期，用猪膏散加减：大黄60克，硭硝（后入）120克，当归、白术、二丑、大戟、滑石各30克，甘草10克。加猪油500克，冲服。加减：口色燥红，胃火枳盛，加石膏、知母，若出现腹胀，则加枳实、厚朴，以消疲破滞。

（3）后期，用黄龙汤加减：党参、当归、生黄芪各30克，大黄60克，硭硝90克，二丑、枳实、槟榔各20克，榆白皮、麻仁、千金子各30克，桔梗25克，甘草10克，研末加蜂蜜125克，猪油120克，开水冲服。

3. 预防

加强饲养管理，减少粗硬饲料，增加多汁和青绿饲料，防止长期单纯饲喂麸皮、谷糠类饲料，保证饮水，适当运动。

五、异食或舔病

本病是由某些寄生虫病或某些营养物缺乏引起的一种病理状态综合征。临床特征是舔食、啃咬或吞食各种异物。

（一）病因

牛因饲料中营养不平衡，造成某些营养物质长期缺乏，如微量元素，某些维生素、蛋白质营养等，或者寄生了某种寄生虫所导致的一种疾病。

（二）症状

本病多呈慢性经过，病牛食欲不振，反刍缓慢乏力，消化不良或稀便，随后出现味觉异常和异食症状。舔食泥土、瓦片、砖石，嚼食牛圈垫草、塑料、烂布等。渐渐消瘦，磨牙、拱背、贫血。生长发育受阻，奶产量下降。

（三）诊断

根据病牛的表现，结合化验室化验判断各种矿物质元素、微量元素和维生素的含量是否缺乏，以及是否患某种寄生虫病来诊断。

（四）防治

1. 治疗 从两方面来进行治疗

（1）寄生虫病 若病牛患了寄生虫病，确诊后，应用有效的驱虫药物。

（2）营养方面 首先应检查盐及钙磷在日粮中是否满足需要，治疗用量按营养标准的2～3倍供给，牛的日粮中钙磷比例为2～1.5：1，日需要量按每100千克体重6克和4.5克，每产1千克奶供给4.5克和3克。严重缺乏钙时，静脉注射10%氯化钙溶液120～160毫升，或10%葡萄糖酸钙200～350毫升，每日一次，3～5天为一疗程。严重缺乏磷时，静脉注射20%磷酸二氢钠注射液150～300毫升，每日1次，连用2～3天。或内服磷酸二氢钠90克/次，1日3次。治疗佝偻病，皮下注射或肌肉注射丁胶钙注射液5万～10万单位/次，每日1次，连用2～3周。

缺乏铜时，成年牛用硫酸铜0.2克，溶解于250毫升生理盐水中，1次静脉注射，有效治疗期可维持数月。也可用硫酸铜做饲料补充剂，日服剂量成年牛每头1克，小牛2毫克/千克体重。

缺乏铁时，异嗜和严重贫血，用硫酸亚铁制成的1%水溶液内服，成年牛每次用量3～10克，小牛用量0.3～3克，每日1次，2周为一疗程。

缺乏钴时，异嗜和消化障碍，用氯化钴制成0.3%的水溶液内服，成年牛每次剂量500毫升，小牛200毫升。也可肌肉注射维生素B$_{12}$，成年牛每次1～2毫克，每日或隔日1次。

维生素缺乏时，应供给充足的青绿饲料。

2. 预防

根据牛的营养标准配制饲料，要防止营养不平衡，做到使营养全面。定期驱虫，管理上要防止病牛舔食泥土、碎石块、废塑料等，防止引起阻塞性胃病。

第四节　外科病

一、脓肿

脓肿是指组织或器官内由于化脓性炎症引起病变组织、坏死物、溶解物积聚在组织内，并形成完整的腔壁，成为充满脓汁的腔体。

（一）病因

其主要病原体是葡萄球菌、大肠杆菌及化脓性棒状杆菌等，漏于皮下的刺激性注射液（氯化钙、黄色素、水合氯醛等）也可引起脓肿。脓肿的形成有个过程，最初由急性炎症开始，以后炎症灶内白血球死亡，组织坏死，溶解液化，形成脓汁，脓汁周围由肉芽组织形成脓肿膜，它将脓汁与周围组织隔开，阻止脓汁向四周扩散。

（二）症状

有急性脓肿和慢性脓肿。

急性脓肿，如浅部脓肿，病初呈急性炎症，即出现热、肿、痛症状，数天后，肿胀开始局限化，与正常健康组织界限逐渐明显。之后，肿胀的中间发软，触诊有波动。多数脓肿由于炎性渗出物不断通过脓肿膜上的新生毛细血管渗入脓腔内，脓腔内的压力逐渐升高，到一定的程度时，即破裂向外流脓，脓腔明显减小，一般没有全身症状。但当脓肿较大或排脓不畅，破口自行闭合，内部又形成脓肿或化脓性窦道时，出现全身症状，如体温升高，食欲不振，精神沉郁，瘤胃蠕动减弱等。深部脓肿，外观不表现异样，但一般有全身症状，而且在仔细检查时，发现皮下或皮下组织轻度肿胀。压诊时可发现脓肿上侧的肌肉强直、疼痛。如果局部炎症加重，脓肿延伸到表面时，出现和浅部脓肿相同的症状。

慢性脓肿，多数由感染结核菌、化脓菌、真菌、霉菌等病原菌引起的，主要表现为脓肿的发展较缓慢，缺乏急性症状，脓肿腔内表面已有新生肉芽组织形成，但内腔有浓稠的稍黄白色的脓汁及细菌，有时可形成长期不能愈合的瘘管。

（三）诊断

根据临床症状及触诊有波动感，皮下和皮下结缔组织有水肿等加以初步诊断，也可用穿刺排出脓汁而进行确诊。

（四）防治

病初，用冷敷，促进肿胀消退，如炎症无法控制时，可应用温热疗法及药物刺激（如3%鱼石脂软膏等）促使其早日成熟。对于成熟后的脓肿，应切开排脓，切开后不宜粗暴挤压，以防误伤脓肿膜及脓肿壁，排脓后，要仔细对脓腔进行检查，发现有异物或坏死组织时，应小心避开较大的血管或神经而将其排尽。如果脓腔过大或腔内呈多房性而排脓不畅时，需切开隔膜或反对孔，同时，要避开大动脉、神经、腱等，逐层切开皮肤、皮下组织、肌肉、筋膜等，用止血钳将囊腔壁充分暴露于外。切开脓腔，排脓时要防止二次感染。位于四肢关节处的小脓肿，由于肢体频繁活动，切开口不易愈合，一般用注射器排脓，再用消毒液（如0.02%雷佛奴尔溶液、0.1%高锰酸钾溶液、2%～3%过氧化氢溶液等）反复冲洗，然后注入抗生素，经多次反复治疗也可能痊愈。另外，当出现全身症状时，需对症治疗，及时地应用抗生素、补液、补糖、强心等方法，使其早日恢复。

二、创伤

创伤是指机体组织或器官受到某些锐利物体的刺激，使皮肤、黏膜及深部软组织发生破裂的机械性损伤。由创缘、创壁、创底及创腔组成。创缘是指受损的皮肤或黏膜及疏松结缔组织部分，创壁是由肌肉、肌膜及位于其间的疏松结缔组织等组成，创底是创伤最深的各种不同组织组成。创缘之间的孔隙为创口或创孔，创壁间呈管状而长的间隙时，被称为创道。

（一）病因

临床上有以下几种。

1. 刺伤

由针、钉等较小的尖锐物刺孔引起的，创口小，创腔深浅不一。

2. 切创

由刀、玻璃等切、割引起，创缘呈直线状，创口较大，创底较浅。

3. 挫创

由车压、钝性物体的冲击及跌倒、踢、咬等引起，创形复杂，创缘组织常被外力损伤而坏死、裂开，周围皮下常溢血，易感染。

4. 裂伤

在挫伤发生时，因外力过强，造成附近组织发生破裂或断裂，创缘不整，创面大。

5. 粉碎创

机体的某处受压力打击后造成软组织挫碎、骨折或内脏破裂与脱出。

6. 咬伤

创形为齿形。

7. 枪伤

枪械等引起的创伤。

（二）症状

有新鲜创伤及化脓感染创伤两种。

1. 新鲜创伤

表现为裂开、出血、疼痛及机能障碍。创口不大时，能迅速自行凝固而止血，严重时，裂口大，组织挫碎重，出血多，疼痛明显。如果伤到局部神经、血管、肌腱、韧带及关节时，出现功能障碍。有时出现失血、休克等全身症状。

2. 化脓感染创伤

出现大量坏死组织，血液滞留在创腔内，创面上的尘土、异物中的细菌乘机而入，造成感染。一般在新鲜创伤出现后5～7天发生，此时，创缘肿胀、充血、疼痛、局部增温。排出脓汁后，其症状很快减轻或消退。随着脓汁的不断排尽，创腔内炎症逐渐消退，长出颗粒状的蔷薇红色的肉芽组织，最后借助于结痂和上皮形成而使其肉芽创治愈。

（三）诊断

观察创伤的部位、大小、形状、性质、创口裂开的程度及出血、污染情况，判断创伤是新鲜创伤还是陈旧创伤。然后消毒后作创口内部检查，比如创缘、创面是否整齐、光滑，有无血液、异物及坏死组织等。对于化脓的创伤，要做病菌检查。

（四）防治

出现创伤后，要及时治疗，防止感染。

1. 新鲜创伤

要防止感染，首先对创口进行清创术，清除创口的被毛、草、土等异物和坏死组织，并进行止血处理。然后，用生理盐水或消毒液（0.1%高锰酸钾溶液、0.01%～0.05%新洁尔灭溶液等）反复冲洗，最后用消毒的纱布块和棉球吸干，敷药。创面大时，应缝合。每日或隔日进行处理。

2. 化脓感染创伤

防止扩散，尽量排出脓汁，促进新生组织生长，结痂而治愈。首先清洁创面周围的皮肤及去痂，用消毒液如0.1%高锰酸钾溶液反复冲洗脓腔，如有化脓瘘管，应切除。有异物，要取出，之后敷药。当创腔内的肉芽组织生长较好时，用刺激性小、促进上皮组织生长的药物，如10%磺胺类软膏、3%龙胆紫溶液等涂擦。

第五节　营养代谢性疾病

一、维生素A缺乏症

维生素A缺乏症是指由于维生素A及其前体胡萝卜素缺乏或不足引起的一种营养代谢病。维生素A缺乏主要影响牛的视紫红素的正常代谢、骨骼的生长和上皮组织的生长，严重缺乏的母牛，常影响胎儿的正常发育，导致胎儿的多发性先天性缺损，如脑水肿、眼损害。

（一）病因

饲料中一般不缺乏维生素A原，但犊牛腹泻时：摄入不足。青绿饲料加工贮藏不当，使饲料中的胡萝卜素被破坏；生理需求增加。母牛妊娠期、哺乳期、机体对维生素的需求量增加；消化吸收障碍。患病时，胃肠道消化机能紊乱，致使维生素A吸收障碍，转化受阻，存贮能力下降。饲料中缺乏脂肪时，也会影响维生素A或萝卜素在肠中的溶解和吸收。导致维生素A缺乏症的发生。特别是瘤胃不完全角化或过度角化，可导致维生素A缺乏症，慢性肠道疾病和肝脏有病时也易继发维生素A缺乏症。

（二）症状

典型症状是夜盲症，常发生在早晨、傍晚或月夜光线朦胧时，患牛盲目前进，碰碰撞撞。之后骨发育也出现异常，使脑脊髓受压和变形，上皮细胞萎缩，继发唾液腺炎、副眼腺炎、肾炎、尿石症。后期犊牛形成干眼症，角膜增厚。

（三）诊断

根据饲养管理情况和临床特征可以进行诊断，确诊需要进行测定血浆和肝脏中维生素A及胡萝卜素水平。

（四）防治

1. 治疗

坚持早发现、早治疗的原则，首先是在饲料中添加维生素A，补充富含维生素A和胡萝卜素的青绿饲料和优质干草，同时改善饲养管理条件，加强护理。当已出现明显夜盲、水肿和神经症状时，一般治疗效果不明显，应尽快淘汰。

治疗时可用维生素AD油，成年牛20~60毫升，犊牛10~15毫升，口服，

第七章　牛病防治技术

215

每日一次或维生素AD注射液，成母牛5～10毫升，犊牛2～4毫升，肌肉注射；维生素A胶丸，500单位/千克体重，口服。鱼肝油，母牛20～60毫升，犊牛1～2毫升，口服。维生素A注射液，4000单位/千克体重，肌肉注射。

2. 预防

加强饲养管理，给牛群提供通风良好、清洁干燥、光照充足的活动场所。科学配置日粮，营养全价，蛋白质、脂肪、维生素A和胡萝卜素充足、平衡，以保证牛的营养需要以及对维生素A的正常吸收与利用。3月龄以前的犊牛不吸收β-胡萝卜素，要保证犊牛足够的哺乳量和哺乳期。

二、青草搐搦

本病又叫牧草抽搦，临床上以神经性症状为特征，表现兴奋、痉挛。

（一）病因

本病与牧草有关，主要是由于牧草中缺乏镁元素所致，膘情好、食欲好的牛易得。

（二）症状

急性病例突然倒地瘫痪，磨牙吐沫，尾及后肢僵硬，强直性痉挛，全身肌肉震颤，反应敏感，有的牙关紧闭，头弯向背侧，角弓反张，有的头挨地而卧，还有的呈青蛙状卧。同时出现不同程度的呼吸、脉搏加快，体温正常或低下，大多数在发病后8～10日内死亡。亚急性病例或慢性病例，除表现急性病例的一些神经症状外，主要表现步态不稳，或轻度瘫痪。高产奶牛多发，病程长。

（三）诊断

根据病牛的表现症状和所处的季节，以及临床血清镁、钙、磷的水平测定可以确诊，每100毫升血镁含量为0.4～0.9毫克（正常为1.8～3.2毫克），血钙含量在8毫克以下，这是本病的特征。

（四）鉴别诊断

要与产后瘫痪的神经症状相区别，后者血清钙离子浓度下降显著（4.9～5.9毫克/100毫升），且血镁离子正常或升高；而本病血清钙离子浓度下降较轻（6～8毫克/100毫升）。治疗时，产后瘫痪单用钙剂疗法即可，而本病必须补充镁。

（五）防治

1. 治疗

用25%硫酸镁注射液0.2克/千克体重·次，用等渗糖稀释成1%浓度的镁溶液，10%葡萄糖酸钙注射液600～1000毫升，静脉滴注，每日一次。对于重症病例，每日另外皮下注射25%硫酸镁注射液100～200毫升。个别病牛，静脉滴注镁溶液时，出现呼吸抑制等中毒现象时，可用5%氯化钙注射液100毫升，静脉注射解救。

2. 预防

在缺镁地区，要多施镁肥，改良牧草的含镁成分，在放牧前用2%硫酸镁溶液喷洒牧草，可以提高饲草中镁的含量，还可在饮水和日粮中添加氧化镁或硫酸镁。

三、硒和维生素E缺乏症

硒是动物必不可少的微量元素之一，其生理作用非常重要。硒缺乏症是由于微量元素硒的缺乏或不足而引起器官或组织变性、坏死的一类疾病。维生素E是含不同比例的α、β、γ、δ生育酚以及其他生育酚的一种混合物，其中，α生育酚的生物活性最高，维生素E的缺乏主要引起幼畜的肌营养不良。临床上单纯的硒缺乏症和维生素E缺乏症并不多见，常见的是二者共同缺乏所引起的硒–维生素E缺乏症。

（一）病因

由于低硒环境影响饲草、饲料，从而造成了动物体缺乏硒。维生素E相对缺乏症是由于采食的青绿豆科植物中含有较多的不饱和脂肪酸，当反刍动物瘤胃氢化作用不全时，则有过量的不饱和脂肪酸被胃肠道吸收，其游离根与维生素E结合，大量消耗体内维生素E所致。维生素E绝对缺乏症是由于长期饲喂缺乏维生素E的日粮所致。

（二）症状

硒和维生素E缺乏，常可导致牛的肌营养不良（白肌病）或胎衣停滞，其犊牛肌营养不良的临床特征是精神沉郁，喜卧，消化不良，共济失调，站立不稳，步态强拘，肌肉震颤，心跳加快，每分钟可达140次，呼吸多达80～90次。多数病牛发生结膜炎，甚至发生角膜混浊和角膜软化，排尿次数增多，尿呈酸性反应，尿中有蛋白质和糖，肌酸含量增高，可达150～400毫克。

　　维生素E缺乏还可导致家畜不育和不孕等病变。α生育酚能通过垂体前叶分泌促性腺激素（Gn），促进精子的生成及活动，当缺乏维生素E时，则睾丸变性、萎缩，精子运动异常，甚至不能产生精子。

　　病理变化主要在骨骼肌、心肌、肝脏，其次是肾和脑，病变部肌肉变性、色淡，呈灰黄色、黄白色的点状、条状等。

　　（三）诊断

　　根据地方缺硒病史、饲料分析、临床表现、病理解剖等可作出诊断。

　　（四）防治

　　1. 治疗

　　用0.1%亚硒酸钠注射液，皮下或肌肉注射，每次5～10毫升，隔10～20天重复一次。同时配合肌肉注射维生素E300～500毫克。

　　2. 预防

　　加强饲养管理，喂给富含维生素E和微量元素硒的饲草和饲料，可外加小麦胚油或麦片、小麦麸或α生育酚。

　　实践证明，对妊娠后期母牛和新生犊牛注射亚硒酸钠注射液，对提高母牛繁殖率，犊牛成活率具有良好的作用。母牛泌乳期补充维生素E可提高产奶量。一般在饲料中混合α生育酚或在100千克饲料中加入0.022克无水亚硒酸钠，同时，按每千克饲料加入20～25单位的维生素E饲喂，效果很好。

　　值得注意的是，硒虽然是牛必需的微量元素之一，但必须适量补充，过量则可导致中毒，硒对牛的最低致死量为0.9毫克/千克体重，且可蓄积中毒，不能连用。最好采用正牌厂家生产的微量元素，维生素预混料的方式来补充，安全可靠。

参考文献

［1］陈幼春.现代肉牛生产.北京：中国农业出版社，1999

［2］邱怀.中国牛品种志.上海：上海科学技术出版社，1988

［3］冀一伦.实用养牛科学.北京：中国农业出版社，2001

［4］蒋洪茂.优质牛肉生产技术.北京：中国农业出版社，1995

［5］王振来，钟艳玲.肉牛育肥技术指南.北京：中国农业大学出版社，2004

［6］曹玉凤，李建国.肉牛标准化养殖技术.北京：中国农业大学出版社，2004

［7］岳文斌，张拴林.高档肉牛生产大全.北京：中国农业出版社，2003

［8］冀一伦.农副产物的营养价值及加工饲用.北京：科学出版社，1994

［9］许尚忠.肉牛高效生产实用技术.北京：中国农业出版社，2002

［10］孙国强，王世成.养牛手册.北京：中国农业大学出版社，2003

［11］林继煌，蒋兆春.牛病防治.北京：科学技术文献出版社，2004

［12］陈默君.牧草与粗饲料.北京：中国农业大学出版社，1999

［13］杨效民.晋南牛养殖技术.北京：金盾出版社，2004

［14］杨效民.旱农区牛羊生态养殖综合技术.太原：山西科学技术出版社，2008

［15］杨效民，李军.牛病类症鉴别与防治.太原：山西科学技术出版社，2008